Descomplicando investimentos
Um guia do básico ao avançado

Gabriel Navarro

Descomplicando investimentos

Um guia do básico ao avançado

Editora Quatro Ventos
Avenida Pirajussara, 5171
(11) 99232-4832

Diretor executivo: Raphael Koga
Editora-chefe: Giovana Mattoso de Araújo

Editora responsável: Hanna Pedroza Carísio
Editores: Caroline Larrúbia D. Lomba
Eduarda Seixas
Felipe Gomes
Nadyne Voi

Revisora: Natália Ramos de Oliveira

Diagramação: Suzy Mendes
Capa: Vinícius Lira

Todos os direitos desta obra são reservados pela Editora Quatro Ventos.

Proibida a reprodução por quaisquer meios, salvo em breves citações, com indicação da fonte.

Todas as citações bíblicas e de terceiros foram adaptadas segundo o Acordo Ortográfico da Língua Portuguesa, assinado em 1990, em vigor desde janeiro de 2009.

Todo o conteúdo aqui publicado é de inteira responsabilidade do autor.

Esta obra não possui recomendações de investimentos. Todo e qualquer exemplo utilizado ao longo do texto possui fins exclusivamente didáticos.

Todas as citações bíblicas foram extraídas da Nova Almeida Atualizada, salvo indicação em contrário.

Citações extraídas do site *https://bibliaonline.com.br/naa*. Acesso em janeiro de 2024.

1ª Edição: março de 2024

Catalogação na publicação
Elaborada por Bibliotecária Janaina Ramos – CRB-8/9166

N322d

Navarro, Gabriel

Descomplicando investimentos: um guia do básico ao avançado / Gabriel Navarro. – São Paulo: Quatro Ventos, 2024.

176 p.; 14 X 21 cm

ISBN 978-85-54167-48-6

1. Finanças pessoais. 2. Investimentos. I. Navarro, Gabriel. II. Título.

CDD 332.024

ATENÇÃO

As informações contidas neste livro não constituem nem devem ser interpretadas como recomendação, oferta e/ou solicitação para compra ou venda de quaisquer instrumentos financeiros. Os exemplos de investimentos, tanto de renda fixa como de renda variável, citados ao longo de toda esta obra **não** são indicações. Aos leitores, futuros e atuais investidores, o texto a seguir não deve ser considerado a única fonte de informação para embasar qualquer decisão de investimento. É recomendada formalmente a leitura cuidadosa do formulário de informações e o regulamento de todo e qualquer investimento, de modo a avaliar os riscos inerentes às transações e a determinar, de forma independente e por seu próprio julgamento, sua capacidade de assumi-los.

Endo

Coloque este livro na sua mesa de cabeceira — principalmente se você está cansado de viver na sombra das dívidas e da incerteza financeira! Tenho Gabriel Navarro como um amigo em Cristo que a vida digital me presenteou, e sua jornada inspiradora, agora compartilhada neste livro, pode transformar a sua vida!

Gabriel nos leva por uma trajetória real, mostrando como uma pessoa comum pode mudar o curso de uma família, desmistificando o mundo dos investimentos e revelando que, com as ferramentas certas, qualquer um pode multiplicar seu patrimônio e construir um futuro próspero. Você ficará surpreso com a transformação que pode ocorrer quando você descomplica os investimentos e abre as portas para um futuro financeiro mais próspero e seguro!

Hulisses Dias
Mestre em Finanças
Analista CNPI

Gabriel Navarro tem uma incrível capacidade de descomplicar assuntos que podem parecer herméticos e intricados para a maioria das pessoas. A primeira vez que tive contato com seu conteúdo foi uma grata surpresa e, por isso, rapidamente entrei em contato com ele para conhecê-lo pessoalmente e trocar ideias sobre produção materiais. Hoje, acabamos nos tornando amigos.

Uma característica que emana da personalidade de Gabriel é sua busca pela excelência em tudo que se propõe a fazer. Agora, ele dá um passo decisivo em sua jornada com este livro. Com certeza, esta obra trará à tona esse traço de sua personalidade, e seu título, "Descomplicando Investimentos", não poderia ser mais perfeito, pois Gabriel é mestre em tratar assuntos áridos de forma leve, didática e acessível.

Vicente Guimarães
Doutor em Economia
CEO e Fundador da VG Research

Gabriel Navarro é um jovem que tem uma das vozes mais influentes atualmente, trazendo um "respiro" ao mundo das finanças e dos investimentos, que frequentemente é considerado complicado pela maioria. Através de seu trabalho nas redes sociais, ele tornou acessíveis, simplificou e atualizou conhecimentos antes considerados inacessíveis, permitindo que milhares de pessoas mudassem sua realidade.

Agora, ainda mais pessoas podem fazer isso por causa deste livro, e pelo preço de uma pizza! Mais do que um mentor para milhões de seguidores, Gabriel é um exemplo como ser humano e pai de família. Quando se trata de escolher quem vai ensinar você a organizar sua vida, é importante conhecer as credenciais do mentor... e posso afirmar que Gabriel possui uma riqueza verdadeira, que vai além do dinheiro.

Giovanni Begossi
El Professor da Oratória
Bicampeão brasileiro de oratória
Criador do maior perfil de oratória do Brasil no Instagram.

15
Apresentação

19
Introdução

27
1 | Preparando o terreno

45
2 | O básico que muitos ignoram

63
3 | A jornada começa agora

85
4 | Erros que podemos evitar

ário

101
5 | O caminho para o crescimento

115
6 | Valor de verdade

129
7 | Construindo uma trajetória de sucesso

143
8 | Rumo à prosperidade financeira

159
Conclusão

171
Referências Bibliográficas

Gabriel e eu nos conhecemos em meados de 2013 e, desde o nosso primeiro encontro, uma coisa me chamou atenção e ficou na minha cabeça durante dias: ele definitivamente não se comportava como os jovens da sua idade. Não que isso fosse algo ruim, mas, no senso comum, poderia ser interpretado como ingenuidade, excesso de bondade ou até mesmo alguém suscetível a ser influenciado facilmente. Ele era um garoto de 18 anos que gastava a maior parte do seu tempo investindo nas pessoas. Um jovem que tinha prazer em ouvir os que estavam ao seu redor e se esforçava para extrair deles o seu potencial máximo.

A disciplina que ele demonstrava de forma natural fazia parte de um plano pessoal para gerenciar todas as suas prioridades, tanto a curto, médio quanto a longo prazo. Como era de se esperar, não demorou muito para que os frutos desse estilo de vida começassem a aparecer. Aqueles que o conheciam sempre se surpreendiam com como os resultados cresciam em um ritmo semelhante ao dos juros compostos.

Conforme o nosso relacionamento evoluía, costumávamos compartilhar a ideia de que construir uma vida centrada apenas em nós mesmos era sem sentido. Tínhamos a consciência de que o dinheiro era uma forma e um recurso capaz de resolver parte dos problemas que teríamos em nossa caminhada juntos; e que a dedicação a um estilo de vida saudável proporcionaria mais felicidade e menos complicações para a nossa família. No entanto, se nada disso fosse um meio para transformar e impactar as pessoas que caminham ao nosso lado, tudo perderia o sentido. Por isso, a cada ciclo da nossa vida, buscamos a Deus para entender duas coisas: o que Ele quer para nós e o que Ele quer de nós. E foi assim que o Gabriel compreendeu que, apesar e além das coisas que ele já fazia, absolutamente tudo que produzia poderia ser um meio para cuidar de pessoas, inclusive na sua profissão. A partir de então, ele não mede esforços para fazer com que todos entendam que o futuro não precisa ser limitado às experiências vividas até o momento presente, tanto as pessoais quanto ao dos nossos pais, mas que conhecimento e consistência podem nos levar muito mais longe.

Acredite, dar o primeiro passo irá impulsioná-lo a alcançar sonhos que talvez evite considerar, por parecerem inatingíveis. Ao colocar em prática os ensinamentos deste livro, você descobrirá que há uma solução para cada problema, mesmo aqueles que ainda estão ocultos aos seus olhos. Isso, sem dúvida, trará de volta a paz e alegria necessárias para começar a fazer novos planos.

Parte do sonho do Gabriel é poder democratizar o acesso à informação de qualidade, por isso, todo o conteúdo que você tem em mãos conta com uma linguagem simples que ensina o poder do investimento e outros princípios a fim de transformar a sua vida para sempre.

Este livro representa mais um passo em direção ao sonho que sempre compartilhamos. e, como esposa do Gabriel, posso dizer que a nossa oração é para que cada palavra contida aqui se torne viva e atuante em sua vida, permitindo que você sonhe e viva em patamares ainda mais elevados. Apenas acredite e coloque em prática.

Larissa Amorim Navarro

Intro

Carpe diem! Talvez você já tenha lido essa frase em algum momento, provavelmente na legenda de uma foto no Instagram de alguém que, à primeira vista, está apenas aproveitando tudo o que a vida pode oferecer. Quando encontramos uma postagem desse tipo, é normal compararmos a nossa situação com a do outro, em uma tentativa de avaliar se estamos no mesmo nível de realização pessoal. Para piorar, quase sempre nos deparamos com uma terrível sensação de atraso e fracasso financeiro. Se, assim como eu, você também já passou por uma experiência como essa e se frustrou com a sua realidade, quero lhe contar um pouco da minha trajetória no ramo de investimento, para que você saiba que não está sozinho nessa jornada.

Ao longo da minha infância e adolescência, comecei a ter a consciência de que a minha família, embora fosse de classe média alta e tivesse um relativo patrimônio, sofria com dívidas que cresciam cada vez mais. Em 2014, quando eu tinha dezoito anos de idade, contraímos empréstimos altíssimos para comprar dois imóveis no Rio de Janeiro, com o objetivo de reformá-los e vendê-los em seguida. A princípio, o plano parecia bom, mas logo os problemas se manifestaram: além da falta de compradores, os gastos constantes com a manutenção dos imóveis só agravavam ainda mais a situação.

Na tentativa de evitar a inadimplência das parcelas do financiamento, minha família recorreu a refinanciamentos, mais empréstimos e cheques especiais — recursos conhecidos por serem um tipo de "dinheiro caro", devido às pesadas taxas de juros. Mês após outro, a dívida familiar só aumentava, diminuindo cada vez mais o ânimo e a alegria. Diante dessa encruzilhada, fomos consumidos por irritação, isolamento, agressividade e depressão, tudo por causa de dinheiro, ou melhor, da falta de planejamento e educação financeira.

Depois de um ano, enfim conseguimos vender um dos imóveis, entretanto as condições não foram as melhores, já que o valor inicial da venda sofreu bastante desconto, além de termos aceitado outro ponto comercial como parte do pagamento — o que gerou ainda mais passivos financeiros[1], como IPTU e taxa condominial. O dinheiro da venda foi totalmente usado para quitar parte dos empréstimos, enquanto o local adquirido na troca só foi vendido bem mais tarde. Após anos de árduas

---

[1] Passivos financeiros são as despesas, dívidas e obrigações de uma empresa ou pessoa física.

tentativas de solver a dívida, nada havia mudado, e ela continuava a mesma de quando minha família decidiu vender a primeira propriedade.

Para resumir a história, nossa luta contra o monstro da dívida durou oito anos, até que decidi não repetir as mesmas ações da minha família em minha vida e construir um futuro diferente para mim. Comecei a criar estratégias para que, no futuro, tivesse capacidade de ajudar não apenas as pessoas que amo, mas todos que estavam enfrentando os mesmos problemas. É verdade que cada casa tem o seu próprio contexto, com erros diferentes que demandam soluções adequadas a cada tipo de realidade, porém a falta de conhecimento e instrução no que diz respeito à educação financeira sempre as reunirá em um mesmo grupo de pessoas deprimidas e sem expectativa em longo prazo.

Quando completei dezoito anos de idade, a minha avó me presenteou com uma reserva que ela havia juntado em poupança durante oito anos. A poupança, sem dúvidas, não é o melhor tipo de investimento, contudo a pouca quantia que ganhei serviu para que eu tivesse capital suficiente para fundar, um ano depois, a minha empresa de turismo, começando com apenas três pranchas de *stand up paddle* para aluguel, até expandir para novas frentes de negócio, quando abri meu próprio ponto comercial e comprei um barco para locação. Aos vinte anos de idade, já havia faturado cerca de cem mil reais e conquistado a tão sonhada independência. O sucesso que tive com esse empreendimento alavancou boa parte dos meus planos, inclusive me levou a conhecer a minha futura esposa, que morava distante de mim, em São Paulo.

Depois de ver o fruto do meu empenho, é fácil dizer que valeu a pena, entretanto a verdade é que o início de qualquer empreendimento exige renúncia e muitas horas de trabalho pesado, além de uma gestão minuciosa de cada recurso disponível. Sempre digo que não existe fórmula para a liberdade financeira, aqueles que atingiram as suas metas — homens e mulheres que se esforçaram ao máximo — precisaram encarar os seus próprios desafios, dando tudo de si para realizarem os seus sonhos, sempre fundamentados em conhecimento sólido e técnica. Hoje só consigo administrar milhões de reais porque tive a iniciativa de investir duzentos reais no passado.

Estou contando tudo isso para que você também acredite que a sua qualidade de vida pode mudar. Minha intenção não é falar como um economista, mas como alguém que começou com muito pouco, sonhou em ser livre de preocupações financeiras e insistiu até multiplicar exponencialmente o seu patrimônio. Quero compartilhar os meus conhecimentos de uma forma simples para que qualquer pessoa seja capaz de entender os princípios do investimento e colocá-los em prática, ou até aprimorá-los. Não importa a sua classe social, a sua idade, o seu gênero ou o seu background familiar, o estudo financeiro é um tema urgente para todos que buscam uma transformação de realidade.

É verdade que nem sempre um bom investidor ficará rico por meio dos seus investimentos, porém ele certamente saberá usar o produto do seu trabalho para enriquecer. O caminho para a conquista de patrimônio é, e sempre será, o esforço e a dedicação, e apenas quando você aprender a colocar o dinheiro para trabalhar a seu favor é que poderá se aposentar mais cedo e ter a sua liberdade financeira. É por esse motivo que existem tantos relatos de homens e mulheres que ficaram famosos, tiveram sucesso em seus negócios, acumularam grandes fortunas e, mesmo assim, faliram a ponto de perderem a própria casa; saíram dos bilhões de reais em bens para os bilhões em uma dívida que não para de crescer.

Quem nunca ouviu falar em algum jogador de futebol que ficou milionário jogando na Europa, esbanjando suas conquistas com carros esportivos caros e casas em condomínios de altíssimo custo? E aquela pessoa que ganhou um grande prêmio na loteria ou em um reality-show de televisão, mas hoje precisa trabalhar para sobreviver com um pequeno salário? Eu vou dizer a você qual é o erro em comum entre todos esses exemplos: investimento em passivos. A partir do momento em que o seu dinheiro deixa de render, isto é, deixa de atuar como um ativo, o valor do seu patrimônio entra em processo de depreciação e corrói, pouco a pouco, muitas vezes de modo silencioso, até que os custos de manutenção fiquem maiores do que o próprio bem. Basicamente, é por esse motivo que a minha família foi à falência, com seis milhões de reais em imóveis e nada em caixa ou investimento.

Portanto, antes de começar o primeiro capítulo, é importante que você não tenha medo de confrontar as suas crenças e traumas a respeito do mercado financeiro. Eu sei que não é fácil superar um fracasso e que as crises têm a capacidade de afetar não apenas a sua conta bancária, mas todas as áreas da vida. Todavia, o seu primeiro e maior adversário nessa jornada é a sua própria mentalidade! Identifique quais mentiras habitam sua mente e o fazem desprezar as pequenas vitórias que você já alcançou, aquelas que sussurram o engano de que enriquecer é difícil demais ou de que é impossível investir com apenas cem reais. O meu papel é lhe mostrar que as menores atitudes no presente podem gerar grandes impactos no futuro e que um investimento aparentemente insignificante hoje irá prepará-lo para o dia no qual você terá muito.

Assim como eu, você não precisa esperar até completar os seus sessenta ou setenta e cinco anos de idade para começar a pensar na sua aposentadoria — hoje mesmo você pode dar os primeiros passos rumo à sua liberdade financeira! Tenho certeza de que este livro será um guia para ajudá-lo a assumir o protagonismo da sua vida e a não servir ao dinheiro, mas usá-lo para servir ao próximo.

O estudo financeiro é um tema urgente para todos que buscam uma transformação de realidade.

1
Preparando o terreno

Desde que mergulhei no mercado de ativos[1], nunca vi nenhum investidor se tornar bem-sucedido sem ter dedicado tempo aos estudos e à preparação necessária para atingir sua liberdade financeira, coisas tão importantes quanto o próprio investimento — embora muitos subestimem essa parte. Para ficar mais claro, imagine que você é um agricultor proprietário de uma larga extensão de terras e descobre um tipo de semente capaz de produzir uma colheita muito mais abundante do que o normal. Empolgado, você corre e lança cada grão no solo, até semear todo o campo, porém, depois de dias esperando pelo nascimento da

[1] Ativo é todo bem ou direito de receber um recurso financeiro capaz de ser convertido em dinheiro por meio da venda.

planta, não encontra sinal algum. Se as sementes eram boas, onde está o erro? Bom, antes de tudo, na falta de conhecimento. Qualquer agricultor experiente sabe que o início da semeadura é uma das etapas mais árduas, porque requer a **preparação do terreno**! É preciso quebrar a dura camada de terra na superfície, deixá-la macia, e, às vezes, complementá-la com os nutrientes fundamentais para o crescimento saudável da lavoura.

Na prática, preparar o terreno, no ramo das finanças, começa pelo conhecimento de si mesmo. Quais são as suas necessidades, as suas metas e o seu perfil de investidor? Perguntas como essa poderão levar algum tempo para serem respondidas, e, talvez, as respostas estejam em constante mudança, devido às inúmeras variáveis dinâmicas. Antes de tudo, caso você tenha dívidas em seu nome ou vinculadas a algum familiar próximo, como seu cônjuge, é importante traçar um plano de quitação e focar todas as energias nele até que tudo seja finalizado, porque os juros dos seus empréstimos, cheques especiais e cartões de crédito sempre serão maiores do que o rendimento dos seus investimentos.

Quando conseguir sair do vermelho, será a hora de analisar quais foram os erros cometidos no passado na sua vida financeira e descobrir como poderá evitar que eles sejam reincidentes. Para isso, liste em uma planilha tudo o que entra e sai da sua carteira e classifique as contas em categorias que possuam características em comum, como gastos essenciais e, do outro lado, lazer,

Capítulo 1: Preparando o terreno

por exemplo. A partir disso, será mais fácil cortar gastos secundários e, consequentemente, ter algum dinheiro sobrando, o que lhe permitirá a criação de uma reserva de emergência. Lembre-se de sempre ter uma quantia exclusiva para imprevistos, como uma batida de carro, problemas de saúde e viagens inesperadas. Essa fração dos seus recursos deverá estar disponível para ser resgatada a qualquer momento.

DESCUBRA O SEU PERFIL DE INVESTIDOR

A forma mais rápida e fácil de percorrer um caminho desconhecido é seguindo a trilha daqueles que estão à sua frente. Esse simples ditado nos ensina que o erro nem sempre é necessário para o aprendizado e que podemos, sim, fazer bons investimentos desde o começo, apenas com base nas experiências de outros que já erraram e encontraram boas alternativas e estratégias. É nessa hora que o acompanhamento de um mentor de investimentos pode fazer toda a diferença, e não falo isso na intenção de me autopromover, mas, sim, porque, no início da minha trajetória profissional, tive mentores que me ensinaram princípios que hoje aplico nas escolhas do dia a dia.

Por meio de livros, cursos, vídeos, treinamentos e até das certificações que obtive, consegui enxergar o mercado financeiro por uma ótica que vai infinitamente além daquela que eu teria se tivesse caminhado por conta própria e tentado ser bem-sucedido sozinho. Com o arcabouço de teorias que acumulei ao longo do tempo, fui capaz de desenvolver as minhas próprias estratégias e aperfeiçoar planos de ação já existentes. Não fui perfeito em tudo que fiz, pelo contrário, errei em diversos casos, mas a taxa de acerto é sempre maior quando sabemos a importância do aprendizado.

Ao imergir no mundo financeiro e começar a compreender os conceitos mais elementares, você provavelmente vai se identificar com um dos três perfis de investidor, que nada mais são do que uma classificação que auxilia na identificação das suas tendências a fazer certos tipos de aplicação.

1. Conservador

O conservador é aquele que coloca a estabilidade das suas movimentações em primeiro lugar, considerando elementos como a liquidez[2]. Obviamente, as consequências de toda essa segurança são taxas menores de rentabilidade, entretanto isso não quer dizer que esse tipo de investidor esteja em desvantagem, uma vez que seu objetivo é preservar o patrimônio das possíveis perdas de mercados mais voláteis.

Iniciantes costumam se enquadrar nesse tipo de perfil, afinal buscam reduzir as perdas resultantes dos erros

---

[2] Liquidez é a facilidade com que um ativo pode ser resgatado e transformado novamente em moeda.

cometidos no período de maior aprendizado e adaptação. Alguns exemplos de aplicações que oferecem baixo risco são Tesouro Direto[3], CDBs[4], LCIs[5] e LCAs[6]. No capítulo 3, abordaremos essas aplicações com mais profundidade.

2. Moderado

O moderado é mais flexível e disposto a correr alguns riscos, ainda que de baixo potencial, e leva em consideração operações que oferecem segurança, entretanto com possibilidade de rentabilidades maiores. Diferentemente do investidor conservador, o moderado visa um lucro um pouco acima da média, mas não se esquece totalmente da segurança das movimentações e corre riscos de uma forma que não causa impactos significativos em seu patrimônio.

[3] Tesouro Direto é um programa online em que você pode emprestar dinheiro ao governo brasileiro por meio da compra de títulos públicos, e depois receber essa quantia de volta com juros.

[4] Certificado de Depósito Bancário (CDB) é um tipo de empréstimo feito ao banco, o qual paga o investidor de volta com juros depois de um certo período.

[5] Letra de Crédito Imobiliário (LCI) é um título de renda fixa emitido por instituições financeiras para financiar o setor imobiliário.

[6] Letra de Crédito do Agronegócio (LCA) é um título de renda fixa emitido por instituições financeiras para financiar o setor agrícola.

Descomplicando investimentos

Um exemplo comum de aplicações equilibradas são as mistas, que variam entre renda fixa e variável,[7] e são uma boa opção não apenas em longo prazo, mas também em médio prazo, como no caso dos investimentos em CRIs[8], CRAs[9], ETFs[10], fundos multimercados[11], fundos imobiliários[12]

[7] A renda fixa é uma classe de investimentos em que a lógica de remuneração é conhecida pelo investidor, enquanto a renda variável é mais incerta, com um retorno que não pode ser previsto.

[8] Certificado de Recebíveis Imobiliários (CRI) é um título de renda fixa com promessa de pagamento futuro de créditos imobiliários.

[9] Certificado de Recebíveis do Agronegócio (CRA) é um título de renda fixa que financia o setor do agronegócio.

[10] Exchange Traded Funds (ETF) é uma modalidade de investimento que reúne recursos de diversos investidores para alocar em diferentes ativos financeiros.

[11] Os fundos multimercados dão ao investidor a liberdade de investir em uma variedade de classes de ativos, como ações, títulos, moedas, *commodities* e outros, dependendo das condições de mercado e da estratégia do fundo.

[12] Fundos imobiliários são um tipo de investimento coletivo, no qual os recursos dos investidores são aplicados em conjunto no mercado imobiliário e os lucros são distribuídos igualmente.

e em fundos de debêntures[13]. Aprenderemos mais sobre algumas dessas aplicações no capítulo 3.

3. Arrojado

Se essa é a primeira vez que você estuda a respeito do investidor arrojado, talvez pense que se trata de alguém imprudente, que coloca dinheiro em ativos sem saber se um dia o terá de volta. Porém, uma boa parcela dos investidores de sucesso hoje, que estão no mercado há vários anos, escolhem essa estratégia de atuação. Por terem vasta experiência e conhecimento profundo a respeito de diversos tipos de mercado, são ótimos em operações envolvendo ações na Bolsa de Valores[14], por exemplo.

Mesmo quando um investidor arrojado demonstra ampla maturidade de mercado, ainda enfrenta a possibilidade de perdas. No entanto, o que o diferencia de alguém com pouca experiência é a habilidade de lidar

---

[13] Debêntures são títulos de dívida emitidos por empresas de capital aberto na bolsa de valores para financiar projetos específicos. Quem compra uma debênture está emprestando dinheiro à empresa em troca de juros futuros.

[14] A Bolsa de Valores é um ambiente, físico ou virtual, em que investidores podem comprar e vender ações de empresas e outros ativos financeiros, os quais estão sujeitos à oscilação das cotações.

com essas perdas de maneira que, ao final, alcancem uma balança positiva entre risco e retorno. Lembre-se de que, em todas as classificações de investidores, uma reserva para situações emergenciais é imprescindível, e até mesmo o arrojado coloca parte do seu patrimônio em um fundo de renda fixa, com baixo risco.

Agora, depois de aprender sobre os três tipos de investidor, você pode estar confuso, tentando descobrir qual deles mais se encaixa no seu estilo, contudo essa questão será esclarecida pelo tempo de maneira natural, já que as suas inclinações tendem a mudar à medida que você adquire confiança e experiência. Provavelmente, seu perfil será alterado de acordo com o que você espera de retorno financeiro, com a sua capacidade de suportar riscos e com as circunstâncias vividas. Digamos que um pai de família com sessenta anos de idade e cinco filhos, por exemplo, consiga separar quinhentos reais por mês para investir. Se levarmos em conta que ele não possui nenhum outro patrimônio ou renda extra, o tipo de investimento mais recomendado em seu contexto é o conservador. Os mesmos quinhentos reais, porém, poderão ser aplicados em investimentos mais arriscados, com um perfil moderado ou arrojado, se considerarmos a realidade de um homem jovem, com trabalho estável e que mora com os pais.

O caminho até a estabilidade financeira é longo, mas não há motivo para se apressar, é preciso dar um passo de cada vez. Antes de dar início a essa jornada, use a sua energia para focar no que mais importa: a construção de uma mentalidade forte!

CONSTRUA A MENTALIDADE DE UM INVESTIDOR

Você já parou para pensar em como o dinheiro nos permite demonstrar amor pelas pessoas à nossa volta? Ele nada mais é do que o resultado do investimento do nosso ativo de maior valor: o tempo! Vamos supor que eu tenha recebido dois mil reais de salário, provenientes de duzentos e vinte horas trabalhadas no mês — o que, dividindo, daria cerca de nove reais de ganho por hora. Se eu comprasse para a minha filha uma boneca no valor de cem reais, estaria adquirindo um presente equivalente a onze horas da minha vida. Basicamente, ao fazer isso, abriria mão de um recurso precioso e limitado para deixá-la alegre. Isso é lindo! Atitudes como essa podem ditar se o seu dinheiro será utilizado para o bem ou para o mal.

As riquezas são uma bênção ou uma maldição?

Não existe uma resposta pronta para essa pergunta, e, por isso, várias pessoas ficam travadas ao lidarem com ela. Costumo dizer que depende muito da intenção daquele que detém o domínio sobre a riqueza e da forma como ele a recebe e a transfere para outros.

Descomplicando investimentos

Muitos demonstram egoísmo ao acumularem fortunas apenas para o próprio benefício, a fim de saciarem os seus desejos frívolos e vaidosos, frequentemente influenciados pela comparação com outros que levam o mesmo estilo de vida. O anseio pela aprovação social por meio de roupas caras, carro ou casa própria é um grande mal, que demanda muitos recursos e nunca gera real satisfação.

Por outro lado, a riqueza se torna uma bênção no instante em que é utilizada para gerar transformação na vida de nossos parentes, amigos e até de desconhecidos que estão em estado de vulnerabilidade. Outro efeito positivo do dinheiro é a criação de empresas que geram empregos, oferecerem qualidade de vida aos seus colaboradores, realizam projetos sociais ou fazem doações com grande impacto comunitário. Aqui, a visão predominante consiste em desfrutar de uma vida equilibrada, que sirva de inspiração para que outros tenham o mesmo tipo de experiência.

Como conselho, eu diria que a chave capaz de ressignificar as riquezas e transformá-las em algo bom é o pensamento de que somos servos uns dos outros. Pergunte a si mesmo: "Como posso servir às pessoas à minha volta hoje?". Isso será suficiente para mudar a sua ótica e ajudá-lo a administrar as suas bênçãos financeiras. Pense que o dinheiro é como um funcionário que está sob o seu comando, disposto a cumprir qualquer tarefa que você queira, seja valorizar sua riqueza em ativos ou depreciá-la em dívidas e passivos.

Para tornar as coisas um pouco mais complexas, pare e imagine o que você faria se recebesse um milhão de reais e pudesse resgatar como e quando quisesse. Sempre que faço essa pergunta às pessoas, o que mais ouço é que comprariam casa, carro ou viajariam pelo mundo. Ou seja, elas querem um milhão de reais para gastar tudo, sem deixar que sobre um centavo sequer! A falta de educação financeira faz com que o dinheiro perca todo o seu potencial de multiplicação e de rendimento, o qual serviria como base para realizar qualquer tipo de sonho de consumo de forma equilibrada, calculada e no tempo certo, com o devido planejamento.

Inclusive, tenho percebido que a antecipação de sonhos é um grande destruidor de lares, por reverter a ordem natural de esforço e recompensa. Vamos supor que um casal decida fazer uma megaviagem para outro país e precise começar um investimento de, por exemplo, R$750,00 por mês em uma aplicação fixa durante dois anos; ao final do período proposto, eles teriam R$20.432,00. Em contrapartida, imagine que eles tenham recebido uma notificação do banco no celular: foi aprovado um empréstimo imediato de R$20.000,00 para ser pago ao longo de 60 meses, ou seja, cinco anos. Claramente, a segunda alternativa é a mais atraente, afinal possibilitaria que viajassem bem antes do previsto! Conseguir com apenas um clique a quantia que seria conquistada depois de muito tempo e esforço é algo incrível e quase irresistível para muitas pessoas, mas é nas

Descomplicando investimentos

entrelinhas que mora o perigo. Ao somar todas as parcelas do empréstimo, simuladas em R$1.610,17 mensais, tendo como exemplo uma taxa de juros de 7,97% ao mês — a média de juros para empréstimos pessoais divulgada pelo PROCON em novembro de 2023 —, no fim do período, esse casal descobriria que pagou, na verdade, cerca de R$96.600,00 no total e aproximadamente R$76.600,00 apenas de juros.[15]

Empréstimo (5 anos)

Valor obtido	R$20.000,00
Prestações mensais	R$1.610,17
Período	60 meses
Valor pago total	R$96.610,20
Juros pagos	R$76.610,20

[15] Valores referentes à simulação de financiamento com prestações fixas, realizada em dezembro de 2023 — com taxa mensal de juros de 7,97% — pela Calculadora do cidadão, ferramenta disponibilizada pelo Banco Central do Brasil. Para calcular valores atualizados, consulte o QR Code.

A boa notícia é que essa perda pode ser revertida em lucro, caso você esteja posicionado no lado certo da relação de mercado. Para enriquecer por meio de investimentos, basta usar esses juros para trabalharem em seu favor, e não contra você. Para deixar mais claro, simulei o investimento do casal citado anteriormente nos prazos de 2 e 5 anos, com juros de 1% ao mês. Sendo 2 anos o período inicial de "espera" para a viagem, e 5 anos o período em que o casal permaneceria pagando o empréstimo de R$20.000,00.[16]

Investimento (2 anos)

Valor obtido	R$20.432,40
Investimento mensal	R$750,00
Período	24 meses
Valor investido total	R$18.000,00
Retorno financeiro	R$2.432,40

[16] Valores referentes à simulação de aplicação com depósitos regulares, realizada em dezembro de 2023 — com taxa mensal de juros de 1% — pela Calculadora do cidadão, ferramenta disponibilizada pelo Banco Central do Brasil. Para calcular valores atualizados, consulte o QR Code.

Descomplicando investimentos

Investimento (5 anos)

Valor obtido	R$61.864,77
Investimento mensal	R$750,00
Período	60 meses
Valor investido total	R$45.000,00
Retorno financeiro	R$16.864,77

OS PRINCÍPIOS DO DINHEIRO

Antes de colocar os princípios do investimento em prática, as suas prioridades precisam estar bem definidas. Em primeiro lugar, trace um caminho rumo ao sonho de viver de renda, isto é, alcançar a tão almejada liberdade financeira. Após bater essa meta, você poderá se aposentar, quem sabe, com trinta, quarenta ou cinquenta anos de idade. Depois de ter esse objetivo cumprido, defina novos desafios e crie um planejamento que o levará a alcançar níveis ainda mais altos — mas sem afetar o seu patrimônio principal, pois ele é o responsável por manter o seu estilo de vida.

Quando o investidor consegue uma quantia suficiente para viver apenas dos seus rendimentos, começa a enfrentar grandes tentações que podem induzi-lo a aceitar propostas de lucros melhores. Basta dizer ao seu vizinho, amigo ou familiar que você possui um milhão de reais investido para milhares de oportunidades

Capítulo 1: Preparando o terreno

começarem a surgir, como a criação de um novo negócio excepcional, com a promessa de um retorno financeiro muito mais vantajoso que o das aplicações.

Atenção! Embora ideias como essa sejam muito promissoras, não fazem sentido nesse contexto, pois o seu dinheiro aplicado não tem a finalidade de criar negócios ou de torná-lo um multimilionário, e sim de proporcionar a você uma aposentadoria segura. Somente o valor acumulado após o cumprimento da primeira meta é que deve ser direcionado a movimentações mais arriscadas, e apenas se essa for a sua vontade, obviamente.

Com a sua prioridade bem definida, é hora de entender os cinco princípios que irão guiá-lo em suas decisões como investidor.

1. Não seja apressado em antecipar os seus sonhos e metas financeiras.
2. Gaste menos do que ganha.
3. Aprenda a ser feliz e contente vivendo um degrau abaixo do que a sua realidade financeira lhe permite.
4. Não se compare aos outros. É muito comum ver as pessoas sempre bem-sucedidas no palco da vida, mas nunca saberemos qual preço elas pagaram nos bastidores para estarem ali.
5. Saiba dizer "não" e ficar em paz com isso.

Basicamente, é isso!

Sendo cauteloso e mantendo o foco em cada um desses pontos, você terá equilíbrio para lidar com as frustrações e não será uma presa fácil para as tentações e más oportunidades que existem no universo dos investimentos.

A riqueza se torna uma bênção no instante em que é utilizada para gerar transformação na vida de nossos parentes, amigos e até de desconhecidos que estão em estado de vulnerabilidade.

bási
muitos

2
O básico que muitos ignoram

"A história nunca se repete, mas rima". Essa frase, muito conhecida no mercado financeiro, em geral atribuída ao escritor estadunidense Mark Twain, significa que, embora nada aconteça duas vezes exatamente do mesmo modo, pode ocorrer de maneira muito semelhante, o que nos leva a pensar sobre um princípio fundamental no âmbito dos investimentos: a análise de dados. Talvez você seja um dos brasileiros que, todos os dias, sai de casa, entra em seu carro, ou pega um ônibus, e atravessa algumas avenidas para chegar ao trabalho. Embora tudo pareça repetitivo e monótono, você já observou que existe sempre algo diferente, ainda que sutil, acontecendo ao seu redor? Pode ser a inauguração de um novo ponto comercial, a construção de obras públicas ou a manutenção de um trecho da pista. Situações inesperadas assim podem mudar o cenário e fazer você perder horas no trânsito.

Hoje, os sistemas de mapeamento de rotas têm a capacidade de nos indicar o caminho mais eficiente para o nosso destino, levando em conta imprevistos e variáveis. Esse recurso, que pode nos fazer poupar tempo e combustível ao indicar trajetos diferentes dos habituais, encontra paralelos no mundo dos investimentos. Ao examinar como as transações financeiras se desenrolavam no Brasil há cinquenta anos, é possível perceber a persistência de alguns padrões, enquanto outros elementos estão em constante evolução. Após cinco décadas de progresso, é natural que o país tenha passado por inúmeras transformações e adotado novos interesses, com destaque para investimentos aprimorados em tecnologias. Apesar de toda essa transformação, a consciência da importância de um orçamento bem especificado antes de haver qualquer gasto nunca mudou na Administração Pública. Em outras palavras, os números da equação até podem ser substituídos, mas a fórmula se mantém.

No caso de um investidor, as fórmulas essenciais são os princípios que o protegem dos riscos provenientes de fatores incontroláveis, como crises internacionais, guerras e instabilidades políticas. Dominar o básico da educação financeira é necessário para que qualquer pessoa tenha sucesso na administração dos seus recursos, embora essa prática seja pouco valorizada e, às vezes, até caia no esquecimento.

COMO ADQUIRIR CONHECIMENTO?

Uma das questões mais recorrentes entre iniciantes no universo financeiro é "como aprender a investir?". Conforme destaquei, o conhecimento é uma das bases centrais para qualquer investidor. Porém, muitos iniciam suas aplicações sem seguir os primeiros passos corretamente, investindo de maneira inadequada. Por exemplo, hoje não é difícil encontrar pessoas seguindo os conselheiros da internet, os quais frequentemente apresentam conteúdos confusos, desorganizados ou contraditórios sobre um mesmo tema. Com tanta informação dispersa, o resultado pode ser ou a dependência de um "guru", uma espécie de guia absoluto para todas as suas decisões financeiras, ou a desistência — e as duas situações não são saudáveis nem boas!

Para se proteger desse tipo de conhecimento lesivo, você pode começar a notar alguns detalhes sobre a maneira que alguém ensina determinada estratégia. Se ganhos rápidos e a multiplicação do seu patrimônio em um mês são prometidos, desconfie! Lucros imediatos, de fato, acontecem, por meio de investimentos em renda variável, por exemplo. No entanto, esse tipo de rentabilidade deve ser considerado uma exceção, e não uma regra, já que o movimento dos ativos de renda variável em curto prazo é irracional, e investir com esse foco imediatista talvez seja a maior armadilha na qual uma pessoa pode cair.

Esquemas que usam essa matriz de funcionamento estão baseados na ganância do investidor, como diz o famoso ditado: "Macaco que pula de galho em galho perde a banana", ou, pelas palavras de Warren Buffett — considerado o investidor mais bem-sucedido do século XX e início do século XXI —, "o mercado é uma grande máquina de transferir o dinheiro dos impacientes para os pacientes".[1] Com isso em mente, lembre-se de que, além de adquirir conhecimento, é necessário saber avaliar a qualidade das suas fontes, afinal nem toda informação é saudável.

Por outro lado, existem centenas de especialistas que comprovam o que falam por meio dos seus resultados, e são esses que você deve seguir. O próprio Warren Buffett, citado aqui, foi um homem visionário que, desde a infância, soube filtrar as boas fontes de conhecimento ao seu alcance. Conhecido como o investidor mais rico do planeta, hoje ele é um ponto de referência para que muitos iniciantes aprendam a dar os primeiros passos em sua jornada. Evidentemente, Buffett é apenas um entre tantos dispostos a ensinar por meio de cursos, livros e bons conteúdos gratuitos, os quais servem de norte para que você faça a sua primeira aplicação com mais

---

[1] A fonte bibliográfica da frase é desconhecida, embora ela seja amplamente atribuída ao investidor estadunidense Warren Buffett.

segurança. Sobretudo, nunca pare de estudar e, antes de seguir conselhos, observe com atenção se a vida de quem está diante dos holofotes confirma os seus ensinamentos.

INVESTIMENTO NÃO É UMA REGRA

Nenhuma das minhas orientações são regras rígidas a serem seguidas a qualquer custo, mas dicas que precisam ser avaliadas e adequadas a cada tipo de realidade. Em minhas finanças familiares, por exemplo, gosto de utilizar a divisão 50x30x20, que me ajuda a distribuir a minha renda de forma equilibrada. 50% uso para cobrir os gastos fixos, como mercado, luz e internet; 30% separo para gastos variáveis, ou seja, lazer, viagens, presentes e outros; os 20% restantes utilizo para quitar dívidas, criar uma reserva de emergência e começar investimentos.

50%	30%	20%
Gastos fixos	Gastos variáveis	Saúde financeira
• Mercado • Luz • Água • Internet • Outros	• Restaurante/Delivery • Lazer • Viagens • Presentes • Cursos • Outros	• Quitar dívidas • Reserva de emergência • Investimentos

Descomplicando investimentos

Saiba que essa não é uma fórmula mágica, e sim algo que funciona para mim. Algumas pessoas usam o método 10x50x20x20 (para os que fazem doações mensais), 60x20x20 ou até mesmo 60x25x15, cientes de que o planejamento das despesas é indispensável. Se você não tem experiência com esse tipo de organização mensal, não se preocupe caso o plano não saia perfeito logo na primeira tentativa, pois, com o tempo, os seus cálculos e as suas previsões de gastos se tornarão cada vez mais precisos. O importante é identificar os erros e fazer os devidos ajustes.

Como um exercício de fixação, preencha a tabela abaixo com a distribuição ideal do seu orçamento mensal.

% Gastos fixos	% Gastos variáveis

% Saúde financeira	% Doações

DESAFIE A CULTURA DA IGNORÂNCIA FINANCEIRA

Desenvolver um estilo de vida de investidor em nosso país não é tão fácil quanto alguns mentores de internet afirmam. No Brasil, por exemplo, segundo uma pesquisa de 2023 realizada pela Bolsa de Valores de São Paulo (B3), dos 203 milhões de brasileiros, 5,3 milhões investem em renda variável, isto é, cerca de 2,6% da população brasileira. De acordo com a mesma fonte, o montante investido, somando renda fixa e variável, chegou a R$ 2,2 trilhões no primeiro trimestre do ano da pesquisa. Entretanto, não é tão comum entre as famílias brasileiras o costume de ensinar aos filhos a maneira correta de administrar o dinheiro, seja pela falta de acesso à informação ou pela negligência cultural em relação à educação financeira desde a infância.

Em alguns casos, a condição da família é boa e favorável para que, de geração em geração, o patrimônio familiar se mantenha ou até cresça. Contudo, é comum ouvirmos histórias de pessoas nascidas e crescidas em um lar no qual havia grande fluxo de dinheiro, mas que, logo que tiveram acesso ao patrimônio dos pais, colocaram tudo a perder com má administração e negócios ruins. Não é preciso ir muito longe para chegarmos à raiz do problema, basta perguntarmos a um adolescente quais os seus planos para quando começar a trabalhar e receber o seu primeiro salário. Há uma grande chance de ele responder que pretende comprar um tênis ou uma bolsa de determinada marca, ou sair em uma viagem incrível com os amigos.

Não estou lhe dizendo para não ter o seu tempo de lazer e não comprar as roupas de que precisa, entretanto o fato é que a maioria dos jovens não olha para o seu dinheiro com o intuito de poupá-lo para o futuro ou investir seus ganhos para colher frutos duradouros e potencialmente maiores em longo prazo. Imagine como a realidade do nosso país seria diferente se um pouco de conhecimento básico sobre o mercado financeiro fosse pulverizado nos sistemas de educação.

Com o mínimo de educação financeira, um grande empresário pode evitar que a sua empresa vá à falência, e,

Capítulo 2: O básico que muitos ignoram

da mesma maneira, alguém com um salário básico consegue enxergar os próprios bens como uma ferramenta para o enriquecimento. A história da minha família é prova disso, já que faz parte de uma grande parcela da sociedade que nunca priorizou a boa gestão financeira, mesmo ciente dessa necessidade. Meus familiares sabiam que havia algo de errado com as inúmeras parcelas pagas mensalmente e que precisavam tomar uma decisão para corrigi-las, porém, ao mesmo tempo, viam-se de mãos atadas, sem saber como prosseguir. Em geral, nesse tipo de situação, o primeiro recurso que as pessoas costumam buscar é o contato com um gerente do banco. Essa opção representa um grande conflito de interesse, porque, enquanto o cliente deseja se livrar das suas dívidas em pouco tempo e com o mínimo de custo possível, o banco visa lucrar e manter o seu quadro de consumidores pagando altos juros.

Certa vez, minha família recorreu a um empréstimo em que receberia 70% do valor imediatamente, e os outros 30% ficariam detidos em uma aplicação que possuía prazo de carência de um ano para retirada, além de multas pelo resgate. Tal condição é impensável do ponto de vista financeiro e caracteriza crime de venda casada. No entanto, muitos pensam estar fazendo um bom negócio ao aceitá-la, devido à falta de instrução e à urgência em que se encontram. Entender como os investimentos funcionam evitaria que minha família buscasse alternativas prejudiciais em longo prazo e a faria

Descomplicando investimentos

recorrer a soluções mais eficazes na diluição das dívidas, com possibilidade de lucro futuro.

Portanto, cabe a você, investidor, fazer a triagem de todos os métodos de atuação existentes no mercado e escolher aquele com maior probabilidade de retorno em um cenário concreto. Isso quer dizer que nem sempre determinada tática, por mais famosa que seja, será uma garantia de lucro, porque as aplicações são como organismos vivos, em constante rotatividade. Em alguns momentos, será mais sábio tomar decisões arriscadas e acelerar os investimentos; em outros, ser conservador e cauteloso será a melhor opção.

NÃO HÁ ESPAÇO PARA EMOÇÃO!

Como expliquei, o mercado financeiro é constituído de variáveis que dependem de incontáveis agentes, alguns mais óbvios e outros mais difíceis de serem detectados, e carecem de profunda observação, pautada em informações concretas, e não em emoções. Deixar os sentimentos se sobreporem à análise crítica pode fazer com que coloquemos o nosso patrimônio no lugar errado, e uma falha dessa dimensão pode ser irreversível, já que, conforme abordamos antes, dinheiro é tempo, e esse é o nosso recurso mais valioso e limitado.

Colocar a razão em uma posição tão elevada pode soar um pouco egoísta, já que seguir o próprio coração parece ser o lema da sociedade no século XXI. Entretanto, essa é uma mentalidade enganosa que leva as pessoas a

Capítulo 2: O básico que muitos ignoram

sempre enxergarem o presente por uma ótica imediatista e a desprezarem os frutos da espera e do planejamento em longo prazo. Um marido, por exemplo, poderia ter vontade de dar uma joia à sua esposa no seu próximo aniversário de casamento, com a consciência de que isso o deixaria endividado por anos. Diante disso, ou ele seria levado pelas suas emoções e apostaria tudo o que tem nesse passivo, ou escolheria um presente de menor custo, o qual comprometeria menos as suas finanças. Caso escolhesse a segunda opção, talvez fosse capaz de, no futuro, dar não apenas uma joia à sua esposa, mas várias.

De que maneira isso se encaixa na prática dos investimentos? Bom, quando você encontrar um anúncio incrível nas redes sociais afirmando que seu patrimônio pode render de 7% a 10% ao mês por meio de uma técnica secreta, ou quando um vendedor de cursos online lhe oferecer um novo negócio imperdível e disponível apenas por tempo limitado, você também terá de escolher entre apostar tudo o que possui e esperar pela consequência, ou colocar as emoções de lado e usar a razão para enxergar as ciladas pulverizadas na internet todos os dias. Em alguns casos, determinado investimento até pode ser confiável, sólido e rentável, porém talvez não seja a hora certa de fazer uma aplicação nele, devido às variações naturais de cada mercado, e a única forma de perceber isso é emudecendo as vozes dos seus sentimentos e colocando em ação todo o seu conhecimento.

Descomplicando investimentos

Costumo dizer que a análise crítica não é apenas a lógica dos investimentos, e sim a lógica da vida, por ser útil em qualquer circunstância. Eu mesmo, quando estabeleci o objetivo de me casar, tive de procurar soluções racionais que me fariam ter sucesso nessa empreitada o mais rápido possível, sem comprometer o meu futuro. Eu tinha à disposição um milhão de formas de conseguir o dinheiro de que precisava para a cerimônia e para a minha casa, todas elas pouco racionais e baseadas em imediatismo. Contudo, entendi que somente investir nos lugares certos traria longevidade e tranquilidade ao meu matrimônio.

Talvez se casar não faça parte dos seus planos, mas acredito que seja do seu interesse ter uma visão imparcial e atenta a respeito do que acontece no mundo, na economia, na política e em diversas outras áreas fundamentais para o convívio em sociedade. Certas pessoas jamais conseguirão enxergar a realidade como ela é, por estarem presas a culturas limitantes estabelecidas durante a criação familiar que só podem ser derrubadas pelo uso consistente da razão. A minha esposa, Larissa, costuma usar este exemplo da lembrança afetiva na infância para ilustrar a maneira como interpretamos o que vemos: quando somos pequenos, tudo ao nosso redor parece imenso, porque, além da nossa baixa estatura, nossa experiência se limita a brincar na sala e a correr pelos corredores da casa, porém, depois de adultos, ao voltarmos à casa onde crescemos, temos a sensação de que os cômodos diminuíram e os corredores afunilaram.

Capítulo 2: O básico que muitos ignoram

Na verdade, nós percebemos que o mundo é bem maior do que pensávamos e que, além dos muros de nossa casa, existem infinitas possibilidades de vida. Tratando-se de dinheiro, muitos agem como se estivessem presos ao passado e repetem os mesmos erros de seus pais, os quais frequentemente acreditam que a riqueza é uma ilusão e que só podem se aposentar se trabalharem até o fim da vida. Contudo, essa mentira não passa de uma fina bolha que pode ser estourada ao enxergarmos o dinheiro como um servo, e não como um chefe.

NÃO DEPENDA DO SEU SALÁRIO

Já que o dinheiro é o nosso funcionário, você pode estar se perguntando qual é o sentido de trabalharmos para conquistá-lo. Em resumo, essa é a base para o enriquecimento! Boa parte dos trabalhadores assalariados hoje depende unicamente do seu salário, o que pode fazer sentido à primeira vista, entretanto é uma péssima postura. Talvez você me questione: "Mas, Navarro, como eu vou pagar o meu aluguel e comprar comida sem o meu salário?". É justamente nessa pergunta que mora o problema, porque as pessoas confiam tanto na quantia fixa que recebem todo mês que deixam de criar planos de segurança para momentos de crise.

No ano de 2020, milhões de brasileiros ficaram desamparados financeiramente após perderem a sua única fonte de renda e não terem de onde tirar qualquer recurso de urgência. Imprevistos e situações inesperadas acontecem e, em geral, não são esperados, por isso é preciso estar preparado e bem instruído. Minha meta é ensinar você a diversificar a sua renda por meio de outros tipos de fontes de ganho, que irão cooperar para o seu enriquecimento.

Fonte de renda principal

É nesse tipo de renda que o seu salário ou o valor líquido adquirido mensalmente pelo seu negócio próprio está contido. Geralmente, ele representa a maior fatia da sua renda total.

Fonte de renda extra

Aqui estão os valores dos serviços de fim de semana ou daqueles doces vendidos no intervalo de trabalho, por exemplo.

Fonte de renda automática

Como o nome já diz, o objetivo dessa renda é gerar lucro sem a necessidade de trabalho constante. Uma ideia é escrever um e-book sobre algo que você faça bem ou tenha bastante conhecimento e vendê-lo em suas redes sociais.

Fonte de renda passiva

Há também o dinheiro que, sem que você se esforce, chega às suas mãos — o fruto dos investimentos! Essa fonte aumenta o seu patrimônio por intermédio dos juros compostos, sem demandar a sua atenção.

Basicamente, é isso

Organizar suas finanças dessa forma não é uma obrigação, e sim uma sugestão para que você tenha mais segurança ao investir e não fique preso a apenas uma fonte de renda, o que pode ser bem arriscado. Quanto mais os seus recursos trabalharem ao seu favor, menores serão as suas chances de sofrer, caso deixe de receber o seu salário principal por algum motivo. Ter uma fundação bem estabelecida é o que definirá os seus próximos passos e o guiará rumo à independência financeira.

Muitos agem como se estivessem presos ao passado e repetem os mesmos erros de seus pais, os quais frequentemente acreditam que a riqueza é uma ilusão e que só podem se aposentar se trabalharem até o fim da vida.

A jor
começ

3
A jornada começa agora

Nos capítulos anteriores, mergulhamos na mentalidade que todo investidor de sucesso precisa ter e focamos nos principais conceitos do mundo dos investimentos, os quais servirão de base universal para todas as suas futuras decisões financeiras. A partir deste ponto, vamos adentrar a seção mais prática, começando por compreender de que forma uma pequena quantia, investida de maneira consistente, pode ser multiplicada, beneficiando-se do fator tempo.

O FATOR TEMPO

Sempre que você ouvir a palavra "investimento", lembre-se, em primeiro lugar, dos juros — valor pago por quem toma emprestado dinheiro (o devedor) ao fornecedor do capital (o credor) pelo tempo em que ele

Descomplicando investimentos

abre mão do uso do seu dinheiro e pela concessão do empréstimo.

Basicamente, é o inverso do que acontece quando solicitamos um empréstimo ao banco, e, após alguns meses ou anos, devolvemos a quantia obtida com um adicional que pode variar de acordo com cada organização. Em uma aplicação de ativos, a fórmula mais utilizada é a dos juros compostos (J), definida por **M = C (1 + i)t**.

- **Montante (M)**: quantia final disponível, depois de somadas todas as partes da fórmula.

- **Capital (C)**: valor inicial, usado como referência para o cálculo dos juros.

- **Taxa de juros (i)**: a razão em percentual que atuará sobre o capital de forma recorrente. Alguns investimentos pagam por dia, enquanto outros contabilizam por mês e ano.[1] Para fins de cálculo, o valor da taxa sempre é inserido em forma de números decimais. Por exemplo, 2% ao mês é o mesmo que uma taxa de 0,02 a.m.

- **Tempo (t)**: período em que o dinheiro ficará aplicado em um investimento, posicionado na fórmula como expoente.

[1] As unidades de medida usadas para contabilizar a porcentagem de juros são a.d., a.m. e a.a., a depender do tempo de rendimento de cada investimento.

Capítulo 3: A jornada começa agora

Em outras palavras, montante (M) é o total da soma do investimento inicial (C) com os juros compostos (J), isto é, o pagamento da instituição que estiver em posse do seu dinheiro. Assim, temos que **M = C + J**. Para exemplificar, se você investir R$50.000,00 por um período de 10 anos em um fundo com uma taxa de juros de 1% ao mês (a.m.), os valores acumulados serão os seguintes.

$$M = 50.000 \times (1 + 0,01)^{120}$$
$$M = 50.000 \times 1,01^{120}$$
$$M = 50.000 \times 3,30038689457$$
$$M = 165.019,34$$

Agora que sabemos o valor do montante, podemos usar a fórmula **M = C + J** para calcular quanto o seu dinheiro rendeu.

$$165.019,34 = 50.000 + J$$
$$165.019,34 - 50.000 = J$$
$$J = 115.019,34$$

Sendo assim, após deixar seu dinheiro parado por 10 anos, sem esforço algum, você receberia um adicional de R$115.019,34. Se o deixar render por 20 anos, em vez de 10, o valor de rendimento sobe para R$494.627,68, totalizando R$544.627,68. Isso significa que os juros seriam quase dez vezes o valor investido!

O tempo é a variável com maior poder de impacto na rentabilidade do seu patrimônio, já que ele potencializa a taxa de juros. Logo, investimentos são como um jogo de paciência, no qual os mais persistentes conseguem obter os melhores resultados, enquanto os apressados são levados pela apreensão e retiram o valor antes da hora. Em todos os tipos de aplicação que veremos adiante, o fator tempo é a peça central.

INVESTIMENTOS INICIAIS – PERFIL CONSERVADOR

Você se lembra da importância de criarmos uma reserva de emergência para situações imprevisíveis? O ideal é que esse dinheiro seja colocado em um fundo estável, que, embora tenha um pequeno rendimento, oferece o menor risco de perda possível. Com a intenção de ajudá-lo a escolher, apresentarei algumas das melhores opções do mercado. Antes disso, gostaria de ressaltar que existe risco em qualquer investimento. Em casos de títulos de renda fixa, por exemplo, é de extrema importância avaliar o *rating* do emissor, que é a nota que a empresa recebe por honrar, ou não, as suas dívidas. Logo, se você empresta dinheiro a uma instituição, quanto mais confiável (bom pagador, com maior *rating*) o emissor dessa dívida for, mais seguro o seu investimento será.

Tesouro Direto

Com o Tesouro Direto, você empresta o seu dinheiro para o governo por meio da compra e venda de títulos públicos. Existem diferentes tipos de títulos públicos, cada um com suas características e rentabilidades, como o Tesouro IPCA+[2], o Tesouro Prefixado[3], e o Tesouro Selic[4], que é a melhor opção para quem está procurando investir em uma reserva de emergência, por causa do seu sistema de liquidez diária. Caso tenha optado por fazer um investimento de longo prazo, deverá se atentar à marcação de mercado, que é uma variação de preço dos ativos que incide sobre aplicações retiradas antes

---

[2] O Tesouro IPCA+ é um título pós-fixado que oferece rentabilidade composta por uma taxa de juros e pela variação da inflação (IPCA), protegendo o poder de compra do dinheiro no longo prazo.

[3] O Tesouro Prefixado é um investimento de médio prazo que garante um retorno fixo de R$1.000 por unidade no vencimento, usualmente indicado para quem pode deixar o dinheiro render até o final, com a garantia de recompra pelo Tesouro Nacional em caso de resgate antecipado.

[4] O Tesouro Selic é um título público com liquidez diária que acompanha a variação da taxa básica de juros da economia (Selic). A rentabilidade do Tesouro Selic é igual à Selic mais um bônus de cerca de 0,10% ao ano.

do vencimento. Assim, ao resgatar o seu dinheiro sem completar o prazo previsto, tenha em vista que seu rendimento poderá sofrer alterações positivas ou negativas, dependendo do contexto econômico nacional.

Além disso, esse tipo de ativo possui características que se encaixam no que o perfil conservador busca, sendo um dos investimentos mais seguros do mercado, uma vez que o devedor é a própria Administração Pública, que, em momentos de crise, tem a capacidade de imprimir mais moeda e pagar o seu credor, ou melhor, você. Claro que calotes de dívida existem, como no caso da Argentina em meados de 2020, quando a Administração Pública não conseguiu arcar com seu compromisso com os investidores, mas acontecimentos como esse são raros. No Brasil, essa possibilidade é praticamente nula.

CDB com 100% do CDI

Por ser uma das principais aplicações da renda fixa, o CDB costuma ser recomendado pelas instituições financeiras. Antes de tudo, é necessário entender como o produto funciona, qual o *rating* do seu emissor e quais as suas funcionalidades. O Certificado de Depósito Bancário (CDB) é um título gerado pelos bancos em busca de recursos para financiarem suas atividades. A quantia emprestada, no fim, é devolvida ao investidor, somada aos juros.

Para descobrir quanto um CDB rende ao mês, existem três meios.

Capítulo 3: A jornada começa agora

1. Taxa prefixada.[5]
2. Alíquota do CDI.[6]
3. Prêmio sobre a inflação (IPCA + taxa estipulada).[7]

O Certificado de Depósito Interbancário (CDI), embora tenha uma sigla parecida, possui um conceito diferente, já que representa a taxa de empréstimos entre os bancos e está sob constante influência do Sistema Especial de Liquidação e de Custódia — a Selic, taxa básica de juros da economia do país. Na prática, a diferença é mínima e gira em torno de 0,1%. Por exemplo, se a Selic estiver em 11,75% a.a., o CDI terá uma previsão de 11,65% a.a., sendo que esse percentual poderá mudar a cada 45 dias, de acordo com as decisões do Comitê de Política Monetária (COPOM).

---

[5] Quando a taxa é prefixada, o valor do rendimento já é conhecido previamente.

[6] Para exemplificar, se um CDB rende 100% do CDI, uma taxa que reflete o custo do dinheiro para as operações interbancárias, e a taxa do CDI é de 10% ao ano, o rendimento do CDB será de 10% ao ano.

[7] Nesse caso, se a taxa fixa estipuladora for de 6% ao ano e a inflação for de 5% ao ano, o rendimento total será a soma dos dois, ou seja, 11% ao ano.

Diferentemente dos títulos do Tesouro Selic, o qual, em regra, possui liquidez diária, ou seja, fecha um ciclo de rendimento todos os dias e pode ser resgatado entre 9h30 e 18h00 em dias úteis, os CDBs possuem diferentes prazos de vencimento. Apesar de muitos títulos também oferecerem liquidez diária, boa parte requer longos prazos de aplicação.

Além disso, há também o Índice de Preços ao Consumidor Amplo (IPCA), o qual pode ser utilizado em alguns títulos do CDB para indexar a taxa de juros. A diferença entre a taxa Selic e o IPCA é que, enquanto este atua no controle da inflação, aquele se comporta como um termômetro que mede o preço real dos produtos de consumo no país.

Uma vez que o nosso objetivo inicial é criar uma carteira para reservas de emergência, o ideal é darmos preferência ao Tesouro Selic, que pode ser resgatado em qualquer dia útil. Se você ainda não tem uma reserva, torne essa uma meta de prioridade máxima. Mesmo se houver alguma dívida em seu nome, nunca caia na ideia de que é melhor usar todo o dinheiro guardado para quitá-la, porque, caso aconteça algum imprevisto, será necessário solicitar um outro empréstimo que não poderá ser quitado, porque não haverá mais recursos disponíveis. Basicamente, estou dizendo que, sim, é melhor ficar inadimplente, no vermelho e com o nome sujo, do que usar sua reserva para pagar todos os débitos e acabar sem recursos para cobrir os custos de um hospital, no caso de uma doença inesperada, ou o conserto do carro, por exemplo.

INVESTIMENTOS INTERMEDIÁRIOS – PERFIL MODERADO

Após construir uma base financeira sólida, compreender bem os principais conceitos desse assunto e identificar o seu perfil de investidor, podemos fazer aplicações mais avançadas.

ETFs

O Exchange Traded Fund (ETF — em português, Fundo Negociado em Bolsa), também conhecido como Fundo de Índice, representa o indexador de uma cesta de ativos de algum setor da economia. No Brasil, são comercializados os ETFs passivos, que replicam a composição de um índice de referência. O valor de um ETF passivo oscila de acordo com o índice de referência, chamado *benchmark*.

Uma de suas vantagens é o baixo custo, se comparado a outros tipos de fundos que exigem tarifas de administração e performance, além da facilidade em adquirir e revender as cotas. Para adquirir uma parcela de participação, é necessário abrir uma conta em uma corretora de valores, que fornecerá o ambiente de negociação de ativos tanto de ETFs como de renda variável.

Descomplicando investimentos

Alguém mais conservador pode optar por um ETF de renda fixa, enquanto os mais ousados podem escolher um de criptomoedas[8], de renda variável. Assim, esse tipo de aplicação também funciona como um elemento para diversificar a carteira do investidor sem demandar muito trabalho, pois gera lucro quando a cota é vendida no mercado por um preço maior do que aquele que foi pago, dependendo da variação do índice. A cada venda de ETF, o investidor paga 15% de Imposto de Renda sobre o lucro, além das taxas cobradas pela corretora sobre o serviço de negociação.

Um exemplo de investimento que costuma despertar interesse entre investidores mais arrojados é o SPXI11, um ETF disponível na Bolsa de Valores brasileira, a B3. Esse ETF replica a carteira teórica do índice americano S&P 500, oferecendo aos investidores brasileiros a oportunidade de explorar o potencial de resultados de ativos dos Estados Unidos sem a necessidade de sair do Brasil, fazendo aplicações em empresas como Amazon, Coca-Cola, Walmart, Google, Apple, entre outras. Uma de suas características principais é a gestão passiva, visando acompanhar o *benchmark*. Como todo produto

---

[8] O que distingue os ETFs de criptomoedas dos produtos de outros setores é que eles seguem os índices de Bitcoin (BTC) ou de *altcoins* (termo usado para se referir a qualquer criptomoeda que não seja o BTC).

Capítulo 3: A jornada começa agora

de investimento, o SPXI11 possui riscos, sendo essencial uma avaliação cuidadosa.

Fundos de Investimento

Fundos de Investimento representam uma espécie de "coletiva" de investidores, reunindo recursos de várias pessoas para serem investidos em conjunto nos mercados financeiro e de capitais. Existem dois tipos de Fundo de Investimento: os de gestão passiva, nos quais o compromisso do gestor é simplesmente seguir um *benchmark*; e os de gestão ativa, em que o papel do gestor é buscar superar o índice de referência do fundo. Os Fundos de Investimento de gestão **ativa** são administrados por um gestor que recebe o dinheiro dos investidores, cria estratégias e divide o recurso em mercados específicos, como o de BDRs[9], crédito privado[10], previdência[11] e outros. Os lucros de uma aplicação feita pelo fundo são divididos de forma proporcional entre os participantes do grupo.

[9] BDRs são certificados de depósito emitidos e negociados no Brasil, eles representam ações de empresas listadas em bolsas de valores fora do país.

[10] Crédito privado refere-se a investimentos em dívidas de empresas privadas que não são negociadas em bolsa.

[11] Previdência faz referência a um tipo de investimento de longo prazo que visa à formação de uma reserva para a aposentadoria.

Esse é considerado um tipo de investimento cômodo, devido ao fato de que os fundos não são diretamente administrados pelo proprietário do patrimônio, e sim por uma série de especialistas e gestores. Por causa desses serviços facilitadores, existem também alguns custos adicionais — chamados taxas de administração e performance — que são deduzidos do valor total investido, ou dos lucros obtidos, e pagos ao gestor que administra o fundo contratado. Caso você escolha esse tipo de negociação, é importante estar atento a cada uma das taxas, além dos impostos incidentes, como o IOF (Imposto sobre Operações Financeiras).

É indispensável conhecer o gestor dos fundos e entender as estratégias utilizadas, para, dessa forma, avaliar se estão alinhadas com os seus interesses e objetivos. Podemos imaginar que esse sistema funciona como um condomínio residencial, administrado por um gestor responsável por receber as taxas condominiais (investimento) e distribuir de acordo com o que considerar mais conveniente a todos os moradores. Portanto, se você possui um perfil de investidor arrojado, é coerente que invista em um Fundo de Investimento coordenado por especialistas com tendências a aplicações arrojadas, a mesma lógica também é válida para os outros perfis.

Qual escolher?

Os investimentos em ambos os fundos possuem seus riscos, que variam de acordo com o contexto, porém é preciso considerar que os ETFs são guiados por um índice de mercado, enquanto os Fundos de Investimento são administrados por um especialista ou um grupo de profissionais, que trabalham para estudar as mudanças econômicas e alterar os ativos do patrimônio tutelado.

Debêntures

As debêntures também são uma maneira de diversificar a carteira de investimentos. Em resumo, uma debênture é um título de dívida emitido por empresas para captar recursos. Por meio delas, você empresta dinheiro às instituições e, depois de certo tempo, recebe os juros — que podem ser pré ou pós-fixados — e o retorno do empréstimo. Por oferecerem uma remuneração previsível aos investidores, elas são consideradas investimentos de renda fixa, mas requerem uma atenção maior, pois dependem da capacidade de pagamento da empresa.

Os tipos de debêntures são os seguintes: as simples, com prazos de vencimento mais longos e pagamento periódico de juros; as conversíveis, que podem ser convertidas em ações da instituição emissora; as permutáveis, em que os ganhos podem ser convertidos em ações de qualquer empresa; e as incentivadas, isentas de Imposto de Renda e emitidas por empresas responsáveis por projetos de infraestrutura para o benefício da população.

FI vs. FII

As siglas até podem ser parecidas, mas trata-se de fundos muito diferentes. O Fundo de Investimento (FI), como vimos, é uma opção mais cômoda ao iniciante. Já o Fundo de Investimento Imobiliário (FII) exige uma atuação direta do investidor, que terá de selecionar os melhores produtos daquele mercado. Por ser um fundo de renda variável, ele oscila conforme as mudanças de um ativo específico. Nesse caso, não existe um gestor, tampouco uma equipe técnica para intermediar o processo, você contará, basicamente, com a sua própria interpretação da economia.

INVESTIMENTOS DE ALTO RISCO – PERFIL ARROJADO

À medida que o investidor adquire conhecimento e experiência, é natural que manifeste interesse por investimentos avançados, demandando maior planejamento e tolerância ao risco em comparação aos mais simples e conservadores. Embora possam proporcionar uma rentabilidade superior, esses investimentos também estão sujeitos a mais oscilações e incertezas no mercado.

Ações

O investimento em ações é uma forma de aplicar o seu dinheiro em empresas que estão listadas na bolsa de valores. Ao comprar uma ação, você se torna um acionista da instituição e pode participar dos seus lucros e prejuízos. O valor das ações pode ser influenciado por vários fatores, como a desvalorização da empresa, o mercado, os juros, a inflação e os ciclos de mercado. Por isso, ao investir em ações, você precisa estar atento a cada um desses riscos e acompanhar as tendências do mercado de ações! Para fazer esse investimento, é necessário criar uma conta em uma corretora de valores.

BDRs

Ao investir em Brazilian Depositary Receipts (BDRs — em português, Recibos de Ações Brasileiras ou Certificados de Depósitos de Ação), você investe em empresas internacionais sem precisar abrir conta em uma corretora estrangeira ou enfrentar burocracias e custos elevados. Quando compra um BDR, cujo preço varia de acordo com a oferta e a demanda, você não está adquirindo diretamente uma ação, mas, sim, um título emitido no Brasil que representa ações de empresas estrangeiras. Assim, enquanto as ações estrangeiras são negociadas na bolsa de valores do país, os BDRs são adquiridos na B3, a bolsa brasileira. Existem BDRs patrocinados e não patrocinados, a diferença é que o primeiro tipo é emitido com a participação da instituição estrangeira, enquanto o segundo é emitido sem o envolvimento da empresa do exterior.

Criptomoedas

Outro exemplo de investimento avançado são as criptomoedas, representações digitais de valor, geridas por uma tecnologia chamada *blockchain*, na qual os dados são registrados e as transições realizadas. Os tipos de criptomoeda são variados, porém o mais conhecido é a *bitcoin*. Hoje, o investimento em dinheiro eletrônico pode ser realizado mediante ETFs e Fundos de Investimento, ou diretamente por meio de corretoras especializadas em criptomoedas que aproximam vendedores de compradores. Também é possível adquirir as criptomoedas por meio da troca entre duas pessoas — conhecida como *peer-to-peer* —, contudo, ao optar por esse método, é necessário mais conhecimento sobre a custódia e os diferentes tipos de carteiras.

Basicamente, é isso!

Tesouro Direto	Programa de investimentos que permite que pessoas físicas comprem títulos públicos federais pela internet, de forma segura, flexível e acessível. Essa é uma forma de emprestar dinheiro ao governo e receber juros por isso.
Certificado de Depósito Bancário (CDB)	Título emitido pelos bancos para financiar suas atividades. Nesse investimento, a quantia emprestada é devolvida ao investidor com juros. Os CDBs possuem diferentes prazos de vencimento e podem ter sua taxa de juros prefixada ou indexada ao IPCA ou CDI.
Exchange Traded Fund (ETFs)	Fundos de índices que replicam a carteira de determinado indicador. As vantagens dos ETFs incluem diversificação, baixo custo em comparação com Fundos de Investimento tradicionais e fácil acesso e liquidez.
Fundos de Investimento (FI)	Investimentos ativos administrados por gestores que agrupam recursos de vários investidores para aplicação em mercados específicos. Eles são convenientes, pois são geridos por especialistas, mas possuem custos adicionais, como taxas de administração e performance, semelhantes à administração de um condomínio residencial.

Fundo de Investimento Imobiliário (FII)	Opção de investimento em ativos do mercado imobiliário mais arriscada que oscila conforme as mudanças de um ativo específico no mercado. O FII não possui um gestor ou equipe técnica para intermediar o processo, dependendo basicamente da interpretação individual da economia.
Debêntures	Títulos de dívida emitidos por empresas de capital aberto na bolsa de valores para aumentar seu capital ou reestruturar suas dívidas. Debêntures oferecem juros futuros ao investidor que empresta seu dinheiro à empresa.
Ações	Títulos negociáveis que representam uma fração do capital social de uma empresa, dando ao comprador o direito a uma parte dos lucros e ativos da instituição.
Brazilian Depositary Receipts (BDRs)	Certificados de depósito que representam ações de empresas estrangeiras negociadas na B3, a bolsa de valores brasileira. Os BDRs permitem ao investidor acesso a instituições internacionais sem a necessidade de abrir uma conta em outro país.
Criptomoedas	Moedas digitais, não emitidas por nenhum governo ou autoridade central, que podem ser usadas para operações financeiras online, compras, vendas e investimentos. Elas utilizam tecnologia de criptografia para garantir a segurança das transações.

Nenhum investimento pode torná-lo imune à perda. Contudo, existem aplicações diversas, cada uma com caraterísticas próprias voltadas à alta rentabilidade ou ao baixo risco de negociação. Sua segurança financeira está em entender as diferentes classes de ativos e, com base nessa análise, diversificar os seus investimentos, independentemente do seu perfil de investidor.

Logo, cabe a você entender qual é o seu objetivo e encontrar o produto de mercado que mais se enquadre em suas condições. Sempre conte com as avaliações de pessoas confiáveis, com uma boa reputação no mundo financeiro, para evitar ser enganado por propostas exageradas. E lembre-se: o tempo é o seu ativo mais valioso!

Cabe a você entender qual é o seu objetivo e encontrar o produto de mercado que mais se enquadra em suas condições.

Erro‹
podemo

4
Erros que podemos evitar

Até o mais perito dos investidores está sujeito a erros! Por isso, é importante sempre ter em mente que a economia não é composta por máquinas perfeitas e isentas de oscilações, mas, sim, por pessoas em constante evolução, cujos gostos e desejos mudam a cada minuto. Isso cria um universo financeiro complexo e imprevisível. Hoje mesmo alguma empresa pode estar experimentando um crescimento significativo e reinvestindo na sua operação. Porém, é possível que amanhã ela entre em um longo período de quedas, o qual pode ser gerado por uma escolha desacertada de seus gestores e controladores, por uma crise generalizada no país, pela escassez de uma matéria prima fundamental ou pela simples baixa na demanda do produto vendido.

Diante da instabilidade inerente a esse cenário, o investidor consciente compreende a necessidade de se precaver ao máximo contra possíveis perdas e sabe que subestimar os riscos do mercado pode levar à perda total de patrimônio, mesmo que o erro seja mínimo, porque até os detalhes são capazes de causar grandes impactos quando se trata de investimentos ao longo de uma vida inteira. Por isso, criar sistemas de segurança e adotar práticas que irão evitar ou, pelo menos, minimizar um eventual prejuízo é fundamental.

ERROS FINANCEIROS MAIS COMUNS

Para que você tenha a oportunidade de fechar todas as brechas do seu planejamento financeiro, apresentarei alguns dos erros mais cometidos pelos investidores iniciantes.

1. Não ter uma reserva de emergência

Existem muitos casos de pessoas que, logo que começam a aprender sobre os princípios e fundamentos dos investimentos, aplicam a sua reserva de emergência em ativos arriscados de maneira impulsiva, sem consciência alguma das possíveis consequências. Outros até solicitam empréstimos para iniciarem suas movimentações, esquecendo-se de que raramente os juros de um investimento, por melhor que ele seja, serão maiores do que os juros de um banco. Portanto, nunca se esqueça de que ter uma quantia separada para imprevistos é o que vai garantir que você invista com mais tranquilidade.

2. Confundir ações com apostas

Não é difícil, ao rolar o *feed* de qualquer rede social, encontrar influenciadores digitais fazendo publicidade de jogos de azar, como se fossem investimentos sérios. Nesse contexto, é bem possível que você já tenha ouvido alguém dizer que investir é como fazer apostas. No entanto, "sorte" e "investimento" são palavras com significados opostos entre si, já que, quando se trata de ações, nenhum ganho é por acaso, o que fica evidente ao observarmos alguns dos investidores mais bem-sucedidos do mundo. Não é coincidência que aqueles que se tornaram grandes referências no meio dos investidores também sejam os que mais estudaram sobre economia e se mantiveram atualizados a respeito dos principais acontecimentos no mundo.

Assim como também não é coincidência o fato de alguns, apesar de terem passado por uma fase de enriquecimento, não terem conseguido manter seus lucros. Essa história se repete tantas vezes porque ainda é comum que as pessoas continuem investindo integralmente em lugares desconhecidos, tornando-se dependentes da sorte. Diferentemente das apostas, em que você só precisa de dinheiro e nada mais, no mundo dos investimentos, o conhecimento é a peça fundamental, superando a importância do próprio capital. Não importa quanta riqueza

Descomplicando investimentos

você possua; se não souber preservá-la, o fracasso inevitavelmente se manifestará. Por isso, diante de propostas de ganhos rápidos, é sempre recomendável questionar a autenticidade da oferta, especialmente na ausência de um gestor confiável e experiente.

3. Investir a renda principal em investimentos de renda variável

Se você pretende usar determinada quantia em um curto período, que pode ser entendido pelo prazo de três a doze meses, para fazer uma festa de casamento, trocar de carro, viajar ou até mesmo para deixar em um reserva de emergência, a renda variável não é uma boa opção.

Em um imprevisto, por exemplo, você precisará fazer o resgate do seu dinheiro de modo rápido e completo, isto é, sem sofrer com as oscilações presentes nessa classe de investimento. Nesse caso, o recomendado é optar pela renda fixa, e alocar em aplicações de alto risco somente aquilo que não será utilizado por um longo tempo.

Ao fazer essa diversificação, é possível desfrutar tanto da segurança oriunda dos investimentos de baixo risco, quanto da maior rentabilidade proporcionada pela renda variável. O economista Jeremy Siegel, em seu livro *Stocks for the long run* (em português, *Investindo em ações no longo prazo*), apresenta um gráfico que mostra a valorização de um dólar entre os vários tipos de investimentos ao longo de mais de dois séculos. Nele, fica evidente que

Capítulo 4: Erros que podemos evitar

os maiores ganhos vieram de ações, seguidos pelos investimentos de renda fixa de curto e longo prazo.

Valorização de investimentos do mercado americano (EUA) 1802-2021

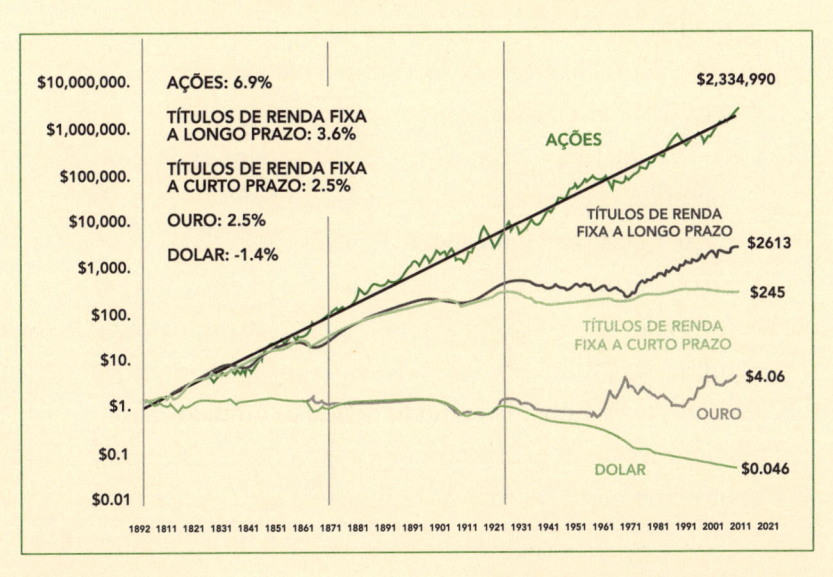

- AÇÕES: 6.9%
- TÍTULOS DE RENDA FIXA A LONGO PRAZO: 3.6%
- TÍTULOS DE RENDA FIXA A CURTO PRAZO: 2.5%
- OURO: 2.5%
- DOLAR: -1.4%

AÇÕES — $2,334,990
TÍTULOS DE RENDA FIXA A LONGO PRAZO — $2613
TÍTULOS DE RENDA FIXA A CURTO PRAZO — $245
OURO — $4.06
DOLAR — $0.046

Valores em dólar

[Traduzido e adaptado de: Crews, 2022]

4. Não entender o seu perfil de investidor

Definir qual é o seu tipo de perfil como investidor é uma autodescoberta e apenas você pode fazer. Não há problema algum em procurar consultoria ou pesquisar sites que facilitem essa análise, mas o papel principal

Descomplicando investimentos

é seu, já que é a sua personalidade que está sendo explorada. Seja sincero ao apontar os seus objetivos, inseguranças e pontos fortes do seu conhecimento sobre administração financeira. Como vimos nos capítulos anteriores, entender se você está em um nível conservador, moderado ou arrojado irá orientá-lo a tomar decisões consistentes e direcioná-lo a aplicações que se encaixem nas suas expectativas.

Com frequência, os iniciantes pulam essa etapa, mergulham em áreas para as quais não estão preparados e, quando se deparam com a desvalorização dos seus investimentos, entram em desespero. Depois disso, iniciam um ciclo de escolhas precipitadas, na tentativa de minimizar as perdas, ou retiram todo o dinheiro e desistem de alcançar a liberdade financeira. É por essa razão que entender o seu perfil também funcionará como uma proteção contra surpresas indesejáveis e preparará você, pouco a pouco, para explorar com segurança e maturidade o universo dos investimentos.

5. Desequilibrar a carteira

Organizar uma carteira de forma desequilibrada, sem analisar o horizonte de retorno esperado, é um erro. Para um perfil conservador, é prudente utilizar de 80% a 90% do recurso em renda fixa, com subdivisões de curto prazo, ou seja, com vencimento em até um ano; médio prazo, com vencimento entre um e cinco anos; e longo prazo, com vencimento superior a cinco anos.

Capítulo 4: Erros que podemos evitar

Cada meta financeira terá um tipo diferente de prazo recomendado, balanceando a rentabilidade e a liquidez. Por exemplo, se você planeja comprar um carro ou se mudar para um apartamento melhor nos próximos cinco anos, então é adequado focar em investimentos de médio prazo. Mas se o objetivo é deixar uma aposentadoria para o seu filho receber quando completar dezoito anos de idade, invista em longo prazo. Esse tipo de investidor poderá aplicar os outros 10% ou 20% da carteira de investimento em renda variável, em um Fundo de Investimento ou ETF, por exemplo.

Com um perfil moderado, a proporção pode ser algo entre 65% e 80% da carteira em renda fixa, enquanto o restante fica separado para ser investido em renda variável. A maior diferença é que esse investidor considera opções mais avançadas, como as ações de dividendos. Já aqueles que se enquadram em um perfil arrojado não precisam de uma proporção tão alta de investimento em renda fixa, de 30% a 40% é uma média aceitável, menos do que isso, até mesmo para os mais experientes, pode ser excessivamente arriscado.

Descomplicando investimentos

Exemplo de divisão da carteira de investimentos por perfil de investidor

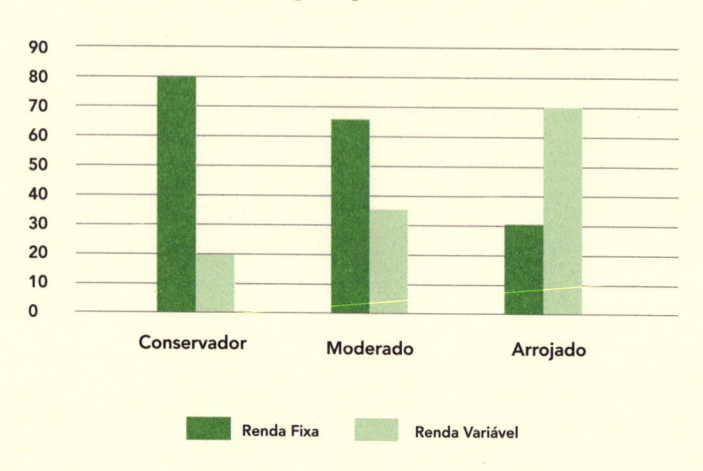

	Renda Fixa	Renda Variável
Conservador	80	20
Moderado	65	35
Arrojado	30	70

6. Investir em uma só empresa

Existem milhares de empresas confiáveis no mercado que apresentam resultados sólidos há décadas e atraem a atenção de investidores do mundo todo. Um traço em comum entre elas é que atuam em setores da economia mais resilientes a momentos de crise, além de exibirem um longo histórico de boa governança. Corporações voltadas para os ramos de energia elétrica, serviços financeiros e saneamento básico, por exemplo, possuem uma estrutura própria de mercado, que não é impactada por fatores externos, como instabilidades políticas e fraudes de outras empresas. Isso faz com que o lucro delas tenha baixa volatilidade, isto é, sofra menos diante das

Capítulo 4: Erros que podemos evitar

instabilidades generalizadas e mantenha seus ativos em constante valorização.

Mesmo assim, ao fazer um investimento, é altamente recomendado que o seu dinheiro não seja aplicado somente em uma empresa, por mais confiável que ela seja. Medir a solidez de uma organização serve para termos várias opções viáveis na hora de fazermos uma carteira diversificada, porque essa é a principal estratégia que um investidor tem à disposição para protegê-lo dos riscos. A razão é simples: se uma empresa historicamente estável tem menor chance de crise econômica, então é ainda menos provável que várias empresas do mesmo porte declarem falência juntas.

7. Não ter reserva de oportunidade

Assim como a reserva de emergência, a reserva de oportunidade também é uma forma de se preparar para possíveis mudanças. Enquanto a primeira serve para cobrir custos inesperados e altamente necessários, a segunda é um valor investido em um fundo de alta liquidez, para ser resgatado quando surgirem boas oportunidades de investimento no mercado.

Na pandemia da covid-19, por exemplo, segundo uma matéria da Baker Tilly, vários ativos sofreram uma acentuada desvalorização e apresentaram preços muito abaixo do que valiam. Ao seguir a máxima de que "a história não se repete, mas rima", os investidores sabiam que, dentro de algum tempo, o mercado iria se recuperar e essas ações voltariam a valorizar. Aqueles que tinham uma reserva de oportunidade aproveitaram esse momento para comprar tudo o que estava desvalorizado devido à crise mundial, e, após algum tempo, multiplicaram o seu patrimônio muitas vezes.

Não existe uma proporção fixa ideal para determinar quanto é necessário ter para criar uma reserva de oportunidade, cada pessoa poderá se planejar de acordo com o seu próprio perfil. O importante é nunca confundir essa classe de investimento com a reserva de emergência.

8. Seguir o "efeito manada"

O "efeito manada" refere-se ao fenômeno social em que indivíduos tendem a seguir o comportamento ou as ações de um grupo, muitas vezes sem avaliar completamente a situação ou entender as informações disponíveis. Em um jogo de futebol, por exemplo, se a torcida inteira começar a bater palmas e a comemorar, o torcedor que está na última fileira do estádio certamente reagirá da mesma maneira, ainda que não tenha conseguido enxergar o que ocorreu em campo. Nos investimentos, é comum ver esse efeito quando uma ação se destaca em meio às outras, por causa da demanda, e atrai cada vez mais investidores.

Para entendermos melhor esse fenômeno, é importante saber que o mercado busca prever a valorização ou desvalorização de ativos frente aos diversos cenários econômicos. Se, por algum motivo, o dólar tem uma grande

Capítulo 4: Erros que podemos evitar

alta, então as empresas beneficiadas por esse fato, como as exportadoras, já se tornam alvo de investimentos, porque é esperado que elas tenham um lucro recorde. Antes de qualquer notícia ser publicada nos jornais, o mercado já está aquecido pela compra em massa dessas ações. Quando o resultado é finalmente divulgado, as pessoas, vendo os números positivos, também são levadas a fazer investimentos, sem notar que, agora, a expectativa é de desvalorização. Essa é uma máxima de mercado resumida no ditado: "Sobe no boato, cai no fato".

Portanto, antes de colocar o seu patrimônio em qualquer tipo de investimento, busque fontes confiáveis e eficazes de informação que sejam atualizadas todos os dias. Ainda que todos ao seu redor estejam comprando um ativo aparentemente promissor, sempre avalie a situação e não se deixe levar pela euforia.

9. Não pagar os impostos

Certas transações financeiras, incluindo investimentos, requerem que você declare ao governo e pague um imposto sobre os ganhos obtidos. Como as leis tributárias estão em constante ajuste, para evitar multas desnecessárias, é importante se informar anualmente a respeito das taxas que precisam ser pagas sobre os seus lucros e renda.

10. Terceirizar a responsabilidade

Você pode pesquisar as melhores corretoras, contratar as assessorias mais confiáveis e ter a ajuda de um grande mentor, mas nada disso substitui a sua responsabilidade com o seu próprio dinheiro! As decisões com potencial de mudar o seu destino e trazer a sonhada liberdade financeira só podem ser tomadas por você. Da mesma forma, caso faça uma escolha que lhe cause prejuízo, aprenda a identificar quais foram as suas falhas sem transferir a culpa para fatores além do seu poder de controle.

Terceirizar a responsabilidade é uma alternativa cômoda que tem levado muitos investidores a viverem paralisados diante de seus fracassos, esperando que alguém surja para resolver os seus problemas.

11. Não ter periodicidade nos investimentos

Criar hábitos é um grande desafio, afinal exige disciplina, autocontrole e propósito. Às vezes, pode ser que você tenha pouco dinheiro para investir em certo mês e seja levado a pensar: "Já que sobrou pouco dinheiro para aplicar, vou gastar tudo, porque eu mereço!". Não se engane! É melhor fazer depósitos de valores menores em meses mais apertados do que não investir nada. A constância é essencial para que você treine o seu cérebro para tratar o investimento como algo natural.

12. Investir apenas em curto prazo

Por último, mas não menos importante, um dos erros mais comuns que todo investidor deve evitar é o de tirar o seu dinheiro da aplicação antes da hora. Se você pretende utilizá-lo em pouco tempo, escolha opções de investimento com maior liquidez. Saber o vencimento dos seus ativos reduzirá as chances de ter de vendê-los por um valor inferior ao que você comprou ou de pagar uma multa pelo saque antecipado.

Quando surgir a vontade de resgatar o dinheiro antes da hora certa, para viajar ou comprar algum passivo, lembre-se do que falamos sobre o fator tempo no capítulo anterior e espere com paciência pela sua recompensa.

Basicamente, é isso

Embora a perda seja inevitável em algum momento da sua jornada, é possível minimizar os prejuízos e potencializar os ganhos, deixando o seu rendimento sempre positivo. Para aprender e amadurecer como investidor, você não precisa cometer todos esses erros, mas pode seguir os conselhos e dicas daqueles que já possuem mais experiência na área. Antes de tomar qualquer decisão precipitada ao investir, lembre-se dos doze erros expostos aqui!

Entender se você está em um nível conservador, moderado ou arrojado irá orientá-lo a tomar decisões consistentes.

5
O caminho para o crescimento

Acreditando que "ainda está cedo para isso", muitos deixam o planejamento financeiro efetivo e o início da jornada de investimento para "mais tarde". Alguns justificam esse adiamento dizendo que, quando chegar o momento de investir, irão compensar o "tempo perdido" realizando aportes maiores em investimentos mais arriscados para alcançar uma taxa de juros elevada. Acontece que o fator **tempo** é a chave para acelerar de forma significativa o seu progresso em direção à liberdade financeira, ou seja, essa "estratégia", na verdade, pode ser uma *furada*.

Por isso, não tenha medo de começar o seu planejamento financeiro e seus investimentos o quanto antes, mesmo que você seja iniciante. Como já vimos, o mercado também tem opções, como a renda fixa, para aqueles que ainda não possuem conhecimento suficiente para realizar movimentações mais expressivas. Embora esse não seja o tipo de aplicação que proporciona rentabilidade elevada, a prática de fazer aportes regulares em longo prazo tem o potencial de levá-lo a enriquecer mais do que alguém que buscou altas taxas de retorno em curto prazo. Os ganhos podem até parecer pequenos no começo, e talvez seja desanimador em alguns casos, mas não desista! Com a mentalidade certa, o conhecimento necessário e o foco ajustado, você pode chegar lá! Neste capítulo, vou indicar alguns passos práticos que certamente ajudarão você nessa jornada financeira.

QUAL É A CHAVE DO ENRIQUECIMENTO?

Se você tem como objetivo aumentar a sua renda, é necessário dedicar-se ao trabalho. Ainda que isso não seja uma novidade, quero deixar claro que não existe crescimento sem esforço. Contudo, dificilmente a renda principal de alguém é o suficiente para garantir independência financeira e uma vida confortável, afinal muitos vivem com um salário que mal paga as contas essenciais. Para alcançar a riqueza, é preciso mais do que trabalho duro: planejamento técnico e prático também são essenciais.

O primeiro hábito que todo investidor precisa cultivar para desenvolver uma mentalidade forte é usar as dificuldades como um estimulante para a conquista.

Capítulo 5: O caminho para o crescimento

Certa vez, um amigo começou a fazer vídeos sobre leilão de carros nas redes sociais. Ele tinha cerca de dez mil seguidores e postava conteúdo todos os dias, com dicas e orientações, mas, por algum motivo, não conseguia obter a quantidade de visualizações esperada. Durante seis meses, ele persistiu e não desistiu de gravar seus conteúdos, até que, um dia, começou a ganhar muitos seguidores e mais visualizações. Com o aumento da sua influência, meu amigo criou um grupo de mentoria, o que lhe rendeu um bom dinheiro extra. Caso fosse possível viajar no tempo e ele dissesse ao seu "eu" do passado que, em seis meses, suas postagens o levariam a criar um negócio lucrativo, certamente meu amigo não acreditaria.

Infelizmente, muitas pessoas creem que ter um futuro confortável e financeiramente tranquilo é um sonho distante demais para elas — mas isso por pura falta de conhecimento financeiro. Eu consigo observar essa mentalidade até mesmo dentro de faculdades, onde jovens parecem ser programados para adentrarem o mercado de trabalho com o único objetivo de ganhar dinheiro, sem aprender a administrá-lo com sabedoria. Os cursos, mesmo os que lidam diretamente com finanças, raramente ensinam os alunos a cuidarem de seu futuro salário. O resultado disso é que muitos se formam e até conseguem um bom emprego, contudo, sem noção alguma de como fazer uma reserva de emergência, uma

Descomplicando investimentos

carteira de investimentos, um balanço de gastos ou uma DRE[1], acabam presos em dívidas enormes.

Em determinadas circunstâncias, possuir conhecimento financeiro implica até mesmo reconhecer a necessidade de orientação por parte de um gestor ou mentor, visto que aprender a gerenciar as finanças pessoais de forma autônoma não é tarefa fácil. Por exemplo, alguém pode conceber um produto revolucionário com potencial para vender milhões de unidades em todo o mundo, contudo, ainda assim, não alcançar o enriquecimento, seja por não saber como divulgar o produto, por gastar mais do que ganha ou simplesmente por não saber como cobrar pela sua mercadoria. Com um time capacitado para auxiliá-la, essa pessoa teria, sem dúvida, mais êxito em sua jornada financeira.

CONTROLE O SEU DINHEIRO

Ter o controle do seu dinheiro é uma das ações mais basilares para quem deseja alcançar a liberdade financeira. Assim, é superimportante somar todas as suas rendas — principal, extra, automática, passiva e assim por diante — para chegar ao valor estimado da sua renda total. Quem não sabe quanto ganha pode se enganar e achar, por exemplo, que o seu negócio é muito lucrativo,

[1] Demonstração do Resultado do Exercício (DRE) é um relatório detalhado com gastos e perdas de patrimônio em determinado período.

quando, na verdade, gera prejuízo ou um retorno financeiro inferior ao esperado.

Vamos imaginar que você seja dono de um restaurante de luxo, aparentemente promissor, que recebe trezentos clientes por noite e cobra em média quinhentos reais por pessoa. A princípio, ao calcular o ganho bruto diário, tudo parece ir muito bem. Contudo, após considerar todos os custos com produção, funcionários, aluguel do local, publicidade, utilidades básicas — como água, luz e internet —, serviço de limpeza e impostos, talvez não sobre nada para integrar o seu pró-labore, ou seja, além de não obter nenhum lucro, você ainda corre o risco de precisar tirar recursos de outra fonte de renda para cobrir os gastos do restaurante.

Então, antes de pensar em como fazer o seu dinheiro sobrar, é importante saber quanto dele sai e quanto entra de forma livre na sua carteira por dia e por mês. Para isso, você pode utilizar agendas, planilhas ou gráficos, ferramentas que facilitam esse processo. Os gráficos a seguir ilustram uma das maneiras de visualizar gastos familiares e empresariais, respectivamente, mas você pode adaptá-los conforme a sua realidade e contexto familiar. O objetivo é que o seu gráfico se encaixe na distribuição tipo 50x30x20 que comentamos no capítulo 2.

Descomplicando investimentos

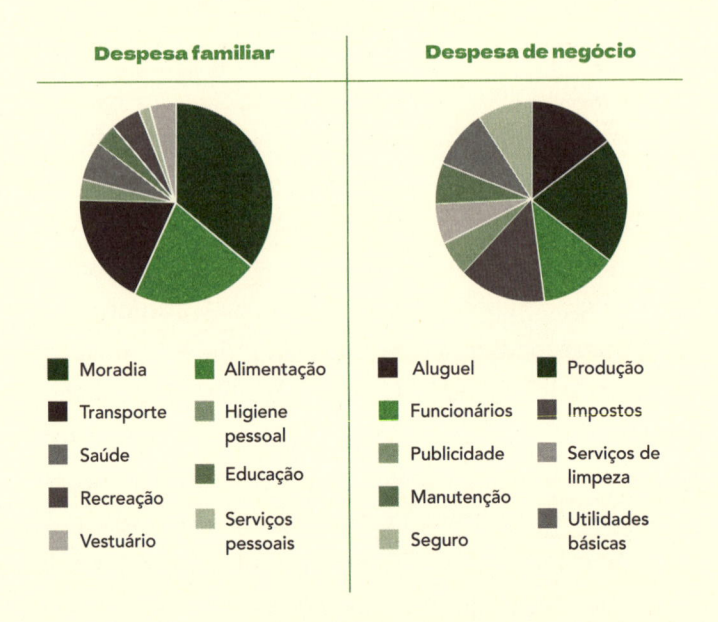

Despesa familiar

- Moradia
- Transporte
- Saúde
- Recreação
- Vestuário
- Alimentação
- Higiene pessoal
- Educação
- Serviços pessoais

Despesa de negócio

- Aluguel
- Funcionários
- Publicidade
- Manutenção
- Seguro
- Produção
- Impostos
- Serviços de limpeza
- Utilidades básicas

Dessa forma, você tem um horizonte mais amplo para reduzir os custos variáveis e otimizar os fixos. Uma dica que sempre dou é a seguinte: para ter saldo positivo, é preciso viver um grau abaixo da sua realidade financeira e, em seguida, dividir o dinheiro em "potes" separados por finalidades, cada um comprometendo um grau específico do seu saldo positivo. Se você pretende ter um filho dentro de cinco anos, por exe mplo, comece a procurar o produto de investimento com o prazo mais adequado a esse propósito. Então separe um percentual do seu saldo livre para aplicar nele e, após ter o dinheiro aplicado, é hora de organizar um novo "pote" para, quem sabe, começar a investir na faculdade que seu filho fará um dia.

Capítulo 5: O caminho para o crescimento

Nesse processo, até escolhas aparentemente insignificantes no dia a dia podem fazer diferença no fim do mês, como trocar filé mignon por alcatra, que é uma carne mais barata, ou deixar de pedir comida por aplicativo e começar a cozinhar em casa. Otimizar os seus gastos e ter consciência do seu dinheiro é o começo ideal.

ESTABELEÇA AS SUAS PRIORIDADES

Aos dezoito anos, comecei meu negócio no Rio de Janeiro com apenas três pranchas para dar aula de *stand up paddle*, fiz uma parceria com uma empresa de produtos digitais, e, juntos, lançamos uma promoção com uma meta a ser batida dentro de três meses. No começo, ensinar um esporte novo foi bem desafiador, porém, para a minha surpresa, logo no primeiro mês, alcançamos nosso objetivo com sucesso e continuamos em um ritmo acelerado de vendas nos meses seguintes, de modo que tivemos um resultado superior ao estipulado inicialmente. No primeiro ano, faturei meus primeiros cem mil reais, o que me permitiu construir uma casa do zero em um terreno baldio, com cobertura para as pranchas. Usando esse ganho e a minha renda principal, adquiri várias outras pranchas e comprei meu próprio barco, o que sempre foi um sonho meu.

Diferentemente do que muitos acreditavam, devido aos custos do meu negócio, eu não gastava dinheiro "à vontade". Na época, entendi que esse processo de plantio era necessário para acelerar os meus ganhos em longo prazo e ter uma boa colheita. Além disso, naquele mesmo período, comecei a organizar os preparativos do meu casamento. Como não sobravam tantos recursos, precisei utilizar parte da minha reserva de emergência para cobrir os custos necessários, o que exigiu o controle preciso de cada real que saía da minha conta e o sacrifício de alguns momentos de lazer, pelo bem do futuro da família que eu estava constituindo. Com um plano de ação bem elaborado — o que envolveu buscar fornecedores e opções mais baratas — e a consciência da nossa situação financeira, eu e minha noiva, que hoje é minha esposa, conseguimos fazer a cerimônia no espaço dos nossos sonhos, localizado na praia da Joatinga, em um dos bairros mais caros do Rio de Janeiro, e ainda fizemos uma ótima viagem de lua de mel para o exterior.

Caso eu tivesse me desesperado diante do desafio de economizar, poderia ter solicitado um empréstimo e ter feito menos esforço, o que atrasaria meu plano prioritário de me aposentar o mais cedo possível. Às vezes, precisamos "segurar as pontas" e ser maduros para entender qual o momento certo de gastar. Enquanto meus amigos financiavam carros de cem mil reais e não investiam nada, permaneci com o mesmo veículo durante oito anos, um Renault Clio 2009, com anos de uso e baixo custo. Ganhando cerca de cem mil reais por ano, poderia facilmente trocá-lo por um carro zero luxuoso que me desse certo prestígio social, mas isso contrariava

Capítulo 5: O caminho para o crescimento

a administração responsável que eu estava focado em seguir à risca. Hoje, quando me perguntam se valeu a pena, eu respondo com sinceridade que não me arrependo de nada.

Qual é a sua principal meta hoje? Escreva-a abaixo, e depois desenvolva um plano de ação, com as concessões e sacrifícios que você precisa fazer, mesmo que por um período, para alcançá-la.	
Meta:	Plano de ação:

Mantenha-se firme em suas prioridades e não se renda aos prazeres momentâneos que a riqueza proporciona, pois eles têm o potencial de aprisionar as pessoas e torná-las cegas ao que mais importa. Hoje mesmo eu poderia tirar férias na Europa ou me mudar para o melhor apartamento da cidade, e, de fato, isso me traria grande satisfação no momento, mas ela não duraria.

Nós, como seres humanos, nos esquecemos rapidamente das compras que nos fizeram felizes ou da viagem cara com a família e logo voltamos a ficar insatisfeitos.

Além disso, o fardo de carregar dívidas que poderiam ser evitadas tem destruído milhares de famílias, causado doenças incuráveis e impedido muitos de terem uma vida tranquila.

Basicamente, é isso!

O caminho para o crescimento está diretamente conectado a um estilo de vida de renúncias e economicamente controlado. É realmente importante encontrar formas inteligentes de não perder dinheiro e de aumentar o saldo positivo, o que pode abrir as portas para um maior fluxo de investimento e uma aposentadoria antecipada. Não espere muito para pôr as dicas que aprendeu em prática. Tome a decisão de se inspirar em investidores experientes o quanto antes e caminhe rumo ao seu objetivo!

O fator tempo é a chave para acelerar de forma significativa o seu progresso em direção à liberdade financeira.

vallo
vera

6
Valor de verdade

O dinheiro é incapaz de melhorar a vida das pessoas sozinho, ele é como um servo que depende das ordens do seu dono. Por exemplo, se alguém alcança o sucesso em seus investimentos e adquire um grande patrimônio, ao zelar pelos bons valores éticos e morais, o seu dinheiro naturalmente produzirá frutos positivos. Por outro lado, se essa pessoa sucumbir à corrupção no processo, os seus bens dificilmente terão algum efeito benéfico. Em resumo, ser guiado por bons valores é o que difere o investidor que obteve o real sucesso que o dinheiro pode oferecer e o investidor que se tornou escravo da própria renda.

O PODER DA INTENÇÃO

No meu dia a dia, sempre que vou tratar sobre finanças, lembro-me de que não há ninguém melhor para me auxiliar do que Deus, o dono de todas as riquezas. Sob as Suas orientações, entendi que Ele nunca entregará uma bênção a alguém que não esteja preparado para recebê-la, porque isso acabaria se tornando uma maldição. Muitos oram para seu negócio dar certo e prosperar, porém imagine se, logo que conseguissem ganhar o primeiro milhão de reais, já fossem a uma concessionária comprar um carro de dois milhões? Parece um cenário absurdo, mas isso acontece com mais frequência do que podemos imaginar! Sem falar naqueles que se envolvem em terríveis vícios e gastam seu dinheiro em jogos, drogas, álcool e outros hábitos destrutivos, que, geralmente, causam danos não apenas a si mesmos, mas a todos que estão ao seu redor... Em um só dia, a falta de experiência pode transformar um empresário de sucesso em uma pessoa endividada, presa a um enorme passivo, ou até mesmo fadada à falência. A respeito disso, George Clason, autor do clássico *O homem mais rico da Babilônia*, escreveu:

> Para conseguir ficar rapidamente rico, o jovem é capaz de fazer empréstimos insensatos. Como ainda não reuniu um bom número de experiências, não percebe que uma dívida desesperada é como poço profundo aonde se pode

Capítulo 6: Valor de verdade

descer muito depressa e ali ficar, por muitos dias, lutando em vão para sair.[1]

Em uma situação como essa, o autoconhecimento pode fazer toda a diferença. Pare alguns minutos durante o seu dia e reflita: quais são as intenções que o levaram a ler este livro? O que você espera do dinheiro que vai receber nos próximos vinte anos? O que pretende fazer quando a sua conta render mais do que você precisa para sobreviver? Responder sinceramente a essas perguntas pode alterar as suas estratégias, já que questionar a si mesmo muda a sua maneira de enxergar o presente — e, com isso, o seu plano de ação para lidar com os recursos que tem hoje — e protege o seu futuro, em certa medida, de um desvio de propósito. Vamos supor que você esteja prestes a se casar e queira trabalhar duro e aprender mais sobre educação financeira para dar uma boa qualidade de vida ao seu cônjuge e filhos. É possível que essa motivação se enfraqueça com o passar do tempo, conforme novas circunstâncias desviarem a sua atenção e foco, e talvez, sem perceber, você comece a trabalhar somente para ter mais e mais dinheiro. Depois, no dia em que alcançar a sua meta financeira, você pode acabar percebendo que a riqueza não foi capaz de gerar o bem-estar esperado, porque o seu propósito inicial foi perdido em algum ponto da sua caminhada.

---

[1] George S. Clason. *O homem mais rico da Babilônia*, 1997, p. 95.

RESPEITANDO OS PROCESSOS

Uma pessoa pode manter seu sucesso por um tempo sem seguir os processos necessários, mas não pode ignorá-los para sempre. Em algum momento, ela terá de enfrentar as questões não resolvidas, que tendem a se multiplicar quando negligenciadas. É comparável à observação de um vazamento no telhado de uma casa: no início, são apenas algumas gotas aparentemente insignificantes. Contudo, essas gotas podem se acumular e formar uma pequena poça, que resulta em manchas no teto. Se a telha não for substituída logo, o mofo se desenvolverá, contribuindo para o surgimento de diversas doenças respiratórias. No fim, aquela pequena entrada de água em um local imperceptível pode fazer a parede toda desmoronar.

Hoje, pode ser que você enfrente desafios financeiros e administre cuidadosamente cada centavo para atender às suas necessidades mensais. No entanto, é fundamental reconhecer como essa experiência oferece lições valiosas que nenhum curso pode proporcionar. Aprender a gerenciar esse processo é crucial, por isso não o subestime! Mesmo que sua conta não possua um milhão de ativos, você tem a oportunidade de crescer pessoalmente, corrigir falhas na administração financeira e fortalecer áreas de fragilidade. Isso o preparará para lidar com valores maiores no futuro. Lembre-se de que os erros cometidos com quantias modestas são muitas vezes os mesmos que levam grandes fortunas a desaparecerem.

Capítulo 6: Valor de verdade

Entendo que acreditar em algo que parece distante da realidade não seja fácil, especialmente quando há dívidas pendentes ou o empreendimento não gera lucro. Como frisei anteriormente neste livro, acredito que a mudança inicial precise ocorrer na mentalidade do investidor. A simples familiarização aos diversos produtos disponíveis no mercado de investimentos ou a memorização da fórmula dos juros compostos não será suficiente para transformar sua condição financeira se a sua mente continuar aprisionada por traumas, medos, mentiras e inseguranças do passado — que insinuam que a pobreza será uma constante na sua vida.

Em contrapartida, tão perigoso quanto o pensamento de pobreza é a supervalorização do dinheiro. Fazer dos bens materiais o propósito de vida afasta uma pessoa dos seus princípios éticos e morais. O anseio por acumular cada vez mais riqueza é uma ideia nociva que frequentemente corrompe o coração das pessoas, assim, quando começam a prosperar, muitos sucumbem a um instinto incontrolável de ganância. Por isso, se você entende que precisa resolver alguma distorção de valor nesse sentido, abrace o processo o quanto antes e não deixe para mais tarde. Assim como o tempo pode fazer a sua renda aumentar, ele também pode agravar os problemas não resolvidos.

DE QUE ADIANTA UMA PESSOA GANHAR O MUNDO INTEIRO E PERDER A SUA ALMA?

Como vimos antes, o dinheiro é um produto do nosso tempo, e, por ser um recurso precioso, quando o utilizamos para ajudar outras pessoas, estamos, de fato, demonstrando o quanto nos importamos. Contudo, essa não é a única maneira de ser generoso, inclusive é muito comum encontrar pessoas com pouco recurso ajudando os mais necessitados, enquanto muitos ricos não conseguem enxergar nada além do seu próprio capital. Nesse sentido, não é o dinheiro em si que possui grande valor, mas, sim, o que decidimos fazer com ele, afinal esse recurso pode ser útil para nós e para quem está ao nosso redor.

Na Bíblia, existem diversos ensinamentos e reflexões importantes que nos auxiliam a manter o foco no que realmente importa. Um grande exemplo de homem que aprendeu a utilizar os seus bens com sabedoria foi Zaqueu, o qual, como todos os publicanos da época, era um funcionário romano responsável por cobrar impostos dos judeus. Nessa profissão, com o objetivo de enriquecer às custas do povo, era comum exigir quantias maiores do que as estipuladas pelo governo, que já eram altas demais. Somando isso ao fato de que Zaqueu era o chefe dessa classe, é de se imaginar como a população o odiava e o tinha como traidor e pecador.

A Bíblia relata que, certa vez, enquanto Jesus passava pela cidade de Jericó, encontrou-Se com Zaqueu — que,

Capítulo 6: Valor de verdade

por ser um homem baixo, tinha subido no alto de uma árvore para vê-lO passar — e pediu que o cobrador de impostos O recebesse naquela noite (cf. Lucas 19.5-6).

Diferentemente dos mestres da Lei e dos religiosos, Jesus não costumava Se distanciar dos publicanos; pelo contrário, frequentemente os cercava enquanto ensinava sobre os valores do Reino de Deus (cf. Lucas 15.1). Após Jesus anunciar que ficaria na casa de Zaqueu, todos os que estavam próximos começaram a acusá-lO de estar junto a um cobrador de impostos, afinal Ele próprio era judeu e, como parte dessa cultura e religião, não deveria Se aproximar de pessoas impuras, isto é, aquelas que eram consideradas corrompidas espiritualmente. Mesmo em meio a toda essa tensão, Zaqueu não se intimidou e tomou a decisão mais importante de sua vida:

> *Zaqueu, por sua vez, se levantou e disse ao Senhor: — Senhor, vou dar a metade dos meus bens aos pobres. E, se roubei alguma coisa de alguém, vou restituir quatro vezes mais. Então Jesus lhe disse: — Hoje houve salvação nesta casa, pois também este é filho de Abraão.* (Lucas 19.8-9)

O chefe dos publicanos reconheceu que tudo o que havia acumulado durante a vida não era mais importante do que pessoas. Os seus vários quilos de ouro perderam o valor quando ele foi presenteado com um dos bens mais valiosos que Jesus tinha a oferecer: o Seu tempo. Rapidamente, a avareza deu espaço à generosidade, e Zaqueu abriu mão de metade da sua fortuna.

Esse é um grande exemplo bíblico de arrependimento, mas nem todos os que estiveram diante de Jesus agiram da mesma maneira. Nas passagens bíblicas que descrevem o jovem rico (cf. Mateus 19.16-30; Marcos 10.17-31; Lucas 18.18-30), por exemplo, encontramos um homem afortunado e possuidor de extensas propriedades.

Logo no início do diálogo, é possível entender parte da intenção do jovem: seu desejo era ter uma herança, e não uma qualquer, ele queria algo eterno (cf. Marcos 10.17). Após se apresentar como alguém zeloso que já cumpria todas as Leis, ele questiona Jesus pela segunda vez.

> *O jovem disse: — Tudo isso tenho observado. O que me falta ainda? Jesus respondeu: — Se você quer ser perfeito, vá, venda os seus bens, dê o dinheiro aos pobres e você terá um tesouro nos céus; depois, venha e siga-me. Mas o jovem, ouvindo esta palavra, retirou-se triste, porque era dono de muitas propriedades.* (Mateus 19.20-22)

Ou seja, mesmo diante do próprio Deus encarnado, esse homem atribuiu um valor maior às suas posses materiais. O impacto dessa escolha é evidente quando lemos que o jovem se retirou triste (v. 22). Como já mencionei, embora o dinheiro possa proporcionar diversos tipos de lazer, conforto e oportunidades que não seriam acessíveis com uma conta bancária vazia, é inegável que ele não compra a verdadeira satisfação.

Infelizmente, séculos após esse acontecimento, ainda testemunhamos pessoas comprometerem princípios em troca de "tesouros" temporários. Por isso, quero levá-lo a refletir sobre a seguinte questão: "De que adianta uma pessoa ganhar o mundo inteiro e perder a sua alma?" (Marcos 8.36). Não negocie seus princípios e desfrute do melhor desta Terra!

A ÉTICA NOS INVESTIMENTOS

Nos dias de hoje, não é difícil ouvir casos de pessoas que foram enganadas por charlatões ou caíram em golpes e perderam tudo o que tinham. A quantidade de propostas e informações falsas compartilhadas a cada minuto, principalmente na internet, não para de aumentar. Movidos pela ganância, alguns até preferem optar por maneiras antiéticas de ganhar dinheiro, apesar de terem consciência de que estão prejudicando outras pessoas ou até mesmo cometendo um crime.

> *Mas os que querem ficar ricos caem em tentação, em armadilhas e em muitos desejos insensatos e nocivos, que levam as pessoas a se afundar na ruína e na perdição. Porque o amor ao dinheiro é a raiz de todos os males [...].* (1 Timóteo 6.9-10)

No âmbito das redes sociais, é lamentável observar influenciadores digitais que, conscientemente, incentivam jogos de azar em seus perfis e enganam seus seguidores para lucrar em cima deles. Em vez de usarem sua influência para promover valores construtivos e positivos, optam por endossar práticas que podem gerar consequências financeiras e emocionais adversas àqueles que os acompanham. Essa falta de responsabilidade social e ética demonstra uma priorização equivocada de interesses e abandono de valores morais.

> *A riqueza obtida com facilidade, essa diminui, mas quem a ajunta pelo trabalho, esse a vê aumentar.* (Provérbios 13.11)

Por essa razão, caso algum amigo ou familiar vá pedir a você dicas de investimento ou auxílio com finanças, pense com cuidado antes de falar e seja responsável ao compartilhar suas experiências financeiras pessoais. Às vezes, o que deu certo para você pode não ser o ideal para o perfil da pessoa ou para o momento da vida em que ela está! Tome o cuidado de não indicar investimentos que você não conhece bem nem seguir cegamente as dicas de pessoas desconhecidas. Oportunidades de lucro fácil e rápido podem surgir, e você precisa estar alerta a qualquer sinal de perigo. De fato, não vale tudo por dinheiro! Esse é um pilar importante para quem deseja investir com sabedoria e responsabilidade.

Basicamente, é isso!

Onde há ganância, não existe espaço para generosidade! Os recursos que estão em suas mãos hoje possuem uma finalidade muito maior do que favorecer a você mesmo, eles têm o poder de abençoar ou destruir pessoas, famílias, empresas e costumes, e tudo depende das suas escolhas. Portanto, o meu conselho é que você filtre os conteúdos que tem consumido, não deixe as más influências alterarem a sua rota e anote as suas metas em um lugar em que será capaz de lê-las todos os dias pela manhã, relembrando a razão pela qual tem se esforçado para crescer.

Não é o dinheiro em si que possui grande valor, mas, sim, o que decidimos fazer com ele.

Construir uma matriz de su

7
Construindo uma trajetória de sucesso

O tempo é a estrada que conecta nossos esforços aos nossos objetivos, não apenas por ser a principal variável em um investimento em longo prazo, mas pelo fato de todos estarmos submetidos a ele. A parte mais intrigante disso é que não podemos prevê-lo, o que, de certa forma, nos faz sentir vulneráveis diante do desconhecido. No ano de 2020, por exemplo, ninguém imaginava que uma pandemia abalaria toda a sociedade. Empresários com décadas de carreira tiveram de encarar a nova realidade e se adaptar às mudanças no mercado, uma vez que, além de precisarem ficar em isolamento, medidas econômicas impactaram diretamente o lucro de inúmeras instituições financeiras, produzindo uma falência massiva mundial. Muitos funcionários dessas empresas se viram reféns de uma crise e precisaram tomar decisões necessárias para a sua própria sobrevivência.

Esse período, sem dúvida, marcou a História! No entanto, não podemos nos esquecer de que situações semelhantes de desemprego, fome, doença e vulnerabilidade sempre aconteceram na sociedade e certamente continuarão a acontecer, mesmo que em graus diferentes de intensidade. No meu caso, como já compartilhei, minha família de origem, apesar de ser bem estruturada em muitos aspectos, sofria com dívidas intermináveis que levaram a crises constantes de relacionamento. Conforme crescia, eu notava que a educação financeira era uma questão ausente não só na minha casa como também em diversos outros lares e empresas que caminhavam rumo à falência.

Portanto, ao dar um conselho a um pai de família desempregado, que não sabe como vai pagar as contas do mês seguinte, por exemplo, eu não tenho a intenção de apresentar um caminho de enriquecimento individual baseado em egoísmo e avareza, mas de dar a ele a oportunidade de mudar a realidade da sua esposa e dos seus filhos — sem falar no efeito em cadeia que um planejamento adequado gera na vida das pessoas que estão em círculos de convívio mais distantes. De maneira semelhante, um casal em crise, prestes a se divorciar por questões financeiras, pode ter boa parte dos conflitos sanados se contar com um bom conselheiro, que transmita dicas práticas de organização do patrimônio.

Capítulo 7: Construindo uma trajetória de sucesso

Conheço casais que estavam sufocados em contas sem fim e acreditavam que ter um milhão de reais rendendo no banco era um sonho distante demais, até assistirem a um dos meus vídeos, no qual eu dizia que um aporte mensal de quinhentos reais poderia se transformar em um milhão de reais em vinte e cinco anos. Muitas vezes, o problema não é a falta de dinheiro para investir, mas a ausência de boa administração do patrimônio, como é o caso de um desses casais, que gastava cerca de quinhentos reais por fim de semana, com churrasco e amigos.

Se repararmos no que as pessoas costumam relatar ao conversar sobre suas dificuldades financeiras, veremos que, na maioria das vezes, justificativa e reclamação vêm em primeiro lugar, contudo tanto a solução quanto os problemas têm origem na mentalidade e nas decisões tomadas. Logo após meu casamento, comecei a ouvir de alguns conhecidos que ter filhos era um erro e um gasto desnecessário, e que eu nunca ficaria rico se fosse pai. Agora, com uma filha pequena, posso afirmar que essa declaração não passa de uma mentira, porque a minha vida prosperou ainda mais depois de seu nascimento! Costumo dizer que ganhei dinheiro justamente por me tornar pai.

Se você está em um contexto parecido, provavelmente já teve medo de ter filhos e não conseguir suprir suas necessidades. Por isso, quero encorajá-lo com um princípio básico da fé: primeiro, colocamos os pés sobre as águas; em seguida, Deus nos faz andar sobre elas. Alcançar um propósito bem definido, que arde em nosso coração, exige que passos de fé sejam dados, e ter ousadia para realizar nossos planos não é uma dica limitada ao mundo financeiro, não tem a ver só com dinheiro! Uma carreira de sucesso diz mais sobre quem você é do que sobre o que você tem guardado no banco.

O INVESTIDOR NA SOCIEDADE

Há algumas décadas, era comum utilizar a poupança do banco para guardar o dinheiro acumulado ao longo da vida, a fim de ter uma aposentadoria mais tranquila, com uma reserva de emergência protegida. Muitos continuam a usar esse método, porém a quantidade de investidores no Brasil tem aumentado ano após ano, à medida que mais informação ganha espaço nos meios de comunicação. Só entre julho de 2021 e junho de 2022, segundo pesquisa da CNN, a Bolsa de Valores de São Paulo (B3) calculou um acréscimo de 1,25 milhão de novos investidores, chegando a bater o número de 4,4 milhões de investidores no país. Vale destacar que esse crescimento aconteceu em um cenário cuja taxa de juros Selic estava na casa dos 13%, isto é, a tendência era que os investimentos fossem transferidos para a renda fixa, entretanto o que testemunhamos foi um constante ritmo de ampliação em renda variável.

Com números tão positivos, um dos setores que mais tem se beneficiado é o empresarial, já que suas

Capítulo 7: Construindo uma trajetória de sucesso

chances de atrair investidores aumentam. Se por meio dos empréstimos convencionais as empresas se veem diante de altas taxas de juros e uma grande dificuldade de obtenção de crédito, pelo mercado de ações elas encontram uma solução bem mais viável, com processos mais enxutos e pagamentos por meios variados, como os dividendos[1].

Para ficar mais claro, vamos imaginar que uma indústria farmacêutica recém-fundada esteja pesquisando a cura para uma doença grave e precise de mais recursos para não interromper as pesquisas. Nesse caso, ela poderia tentar adquirir um empréstimo junto aos bancos especializados nesse ramo de produção, que, geralmente, oferecem um "dinheiro caro", ou abrir o seu capital para receber investimento de pessoas que buscam uma oportunidade de ganhos futuros. Com essa quantia, a empresa seria capaz de acelerar os seus estudos e disponibilizar o medicamento para venda em larga escala, contribuindo para a saúde da sociedade e para o sucesso dos investidores.

Além disso, investimentos também auxiliam na manutenção das atividades de um empreendimento durante mudanças no quadro societário. Quando uma empresa

---

[1] Parcela do lucro líquido que uma empresa distribui aos seus acionistas como remuneração, de acordo com as ações que cada acionista possui.

Descomplicando investimentos

é formada por mais de um proprietário, o direito à direção e aos lucros se dá por meio de quotas divididas por percentual — que podem ser distribuídas igualmente ou em proporções diferentes — entre cada um dos sócios envolvidos. Caso um dos sócios desista de continuar no quadro societário, poderá vender suas quotas a qualquer investidor interessado para que a empresa continue suas operações sem sofrer dano financeiro algum. Na verdade, essa venda contribuiria para a consolidação da reputação da instituição no mercado de ativos e atrairia a atenção de mais investidores e, assim, mais capital.

Por outro lado, se os negócios não vão bem e os lucros começam a cair, os acionistas deixam de receber os dividendos. Tal cenário, que toda grande organização enfrentará em algum momento, resulta em desvalorização de mercado e, caso não seja solucionado a tempo, pode afastar os investidores e reduzir a obtenção de capital. Mesmo que esse seja um ponto negativo a ser considerado por um empresário antes da abertura do capital da sua empresa, os benefícios dos investimentos são muito maiores que o risco e têm o potencial de gerar cada vez mais lucro. Isso fica evidente ao observarmos o aumento na quantidade de novas startups no Brasil, que tem mantido um crescimento percentual de dois dígitos ao ano, de acordo com a InfoMoney. Além disso, segundo a Cortex, de 2013 a 2023 foram registradas sete mil aberturas de novas empresas com grande potencial para movimentar o mundo financeiro.

Capítulo 7: Construindo uma trajetória de sucesso

Pense em quantas ideias, inovações e melhorias importantes para o desenvolvimento da humanidade estão escondidas nessas empresas, apenas à espera do recurso de investidores para saírem do papel e se tornarem realidade! Ter dimensão de que o nosso dinheiro pode contribuir para favorecer áreas muito além da nossa imaginação nos ajuda a entender que investir é uma missão nobre, na qual o sucesso só é alcançado a partir do entendimento de que nosso trabalho é parte de um plano maior.

LEGADO

Você conhece algum pai ou mãe que nunca deixa os seus filhos viverem a própria história? Mesmo após crescer, estudar, começar a trabalhar e se casar, esses filhos continuam a depender dos pais, porque não são encorajados a serem independentes e viverem seus próprios sonhos. É verdade que cada caso tem suas próprias complicações, mas, em geral, fomos criados para deixar um legado para as próximas gerações, e isso também é uma das facetas de uma carreira de sucesso. Ninguém consegue trilhar o próprio caminho enquanto não tiver liberdade para se arriscar naquilo que a maioria não se arriscaria! Uma criança nascida em um lar afortunado, por exemplo, irá desfrutar por toda a vida de privilégios gratuitos, frutos do esforço acima da média realizado pelos seus pais. Se ela tem uma casa, roupas e um estudo de qualidade, é porque, um dia, alguém pensou no seu futuro, antes mesmo da sua existência.

Descomplicando investimentos

Entretanto, o que vemos hoje é um número cada vez maior de casais que não se importam em deixar um legado que ecoe pelos séculos e não geram futuros pais e mães para darem sequência àquilo que já foi iniciado. Pense comigo: de que serve o acúmulo de um patrimônio bilionário se não houver legado? Tudo o que foi conquistado e guardado por um investidor esforçado durante décadas pode ser perdido caso não haja um herdeiro preparado para seguir os princípios de seus progenitores.

Deixar um legado é muito mais simples do que a maioria pode pensar, e não está limitado aos nossos filhos biológicos. No ano de 2020, levei alguns alimentos para dividir entre as pessoas em situação de rua que ficavam em uma localização próxima à minha casa e conversei com um rapaz, cujo nome memorizei, por alguns instantes. Dois anos depois, quando ele me abordou na rua, perguntando se eu era aquele homem que distribuía alimentos de madrugada, tive a alegria de notar que a condição dele estava totalmente diferente: casado, com filhos e com a aparência renovada. Fiquei maravilhado ao testemunhar uma mudança tão impactante, ainda mais por saber que os recursos que depositei sobre a vida dele há anos tiveram influência nisso.

Não precisei gastar milhões de dólares para ser uma ferramenta de transformação social, apenas coloquei a mão na massa e doei um pouco do meu tempo e recurso. Mesmo que eu nunca mais o veja, sei que uma semente foi plantada com sucesso e produziu um legado que afetará pessoas que eu jamais poderia alcançar sozinho. Em resumo, caridade genuína não é mensurada pela quantia doada, mas pelo nível do nosso envolvimento naquela ação. Isso é generosidade radical!

Há quem cultive o hábito de separar uma parcela insignificante da sua renda e transferi-la para uma ONG qualquer, pensando: "A minha parte eu já fiz, agora eles que se virem". Certamente, muitas instituições bem-intencionadas são beneficiadas com essa atitude, entretanto isso ainda é pouco se comparado àquilo que somos capazes de fazer. Talvez você não consiga participar de maneira direta de algum trabalho assistencial, por ter uma rotina agitada, mas, com planejamento, é bem possível que possa, ao menos uma vez ao mês, fazer uma visita rápida à instituição que recebeu a sua doação, só para verificar o destino dos seus recursos e se disponibilizar para auxiliar de outras formas. Em último caso, considere fazer uma ligação telefônica — o que não vai ocupar mais do que alguns minutos do seu dia —, não por causa de um sentimento de obrigação, mas por realmente entender que ser ativo e generoso faz parte de uma jornada de sucesso.

> **Tome um tempo para refletir. Qual tem sido o seu legado? Liste na página a seguir o que você tem feito para deixar a sua marca neste mundo.**

Descomplicando investimentos

A Bíblia narra um dos momentos em que Jesus ensinou aos seus discípulos sobre generosidade radical:

Sentado diante da caixa de ofertas, Jesus observava como o povo lançava ali o dinheiro. Ora, muitos ricos depositavam grandes quantias. Vindo, porém, uma viúva pobre, lançou duas pequenas moedas correspondentes a um quadrante. E, chamando os seus discípulos, Jesus disse: — Em verdade lhes digo que esta viúva pobre lançou na caixa de ofertas mais do que todos os ofertantes.

Capítulo 7: Construindo uma trajetória de sucesso

> *Porque todos eles deram daquilo que lhes sobrava; ela, porém, da sua pobreza deu tudo o que possuía, todo o seu sustento.* (Marcos 12.41-44)

A mensagem transmitida perde o sentido se analisarmos a fala de Cristo por uma lógica quantitativa, porque quando se trata de generosidade, as intenções mais profundas do nosso coração fazem toda a diferença. Particularmente, eu penso que a motivação dessa viúva, ao contribuir, era se tornar participante de um propósito maior, com poder de transformar as gerações que viriam após ela.

Ao meditar nessa passagem, sou confrontado pelo fato de que, como a viúva, também tenho a oportunidade de dar o meu melhor pelas pessoas à minha volta. Uma das minhas metas pessoais é ser um daqueles avôs que recebem os seus filhos e netos para contar as histórias de transformação que testemunhou durante a juventude. Sonho em ser lembrado como um promotor de boas ações que mudou o destino de famílias inteiras com simples atos de serviço e bons conselhos. Sem dúvida, olhar para trás e enxergar o legado que construí seria uma grande recompensa!

Basicamente, é isso

Se deixamos de investir, seja por preguiça, medo ou ignorância, perdemos todas as experiências fantásticas que esse caminho tem a nos oferecer. Investimentos são um convite para nos tornarmos parte do que está acontecendo ao redor do mundo, e, como bônus, nos dão a tão sonhada liberdade financeira, necessária para deixarmos de viver por nós mesmos e passarmos a olhar também para quem precisa da nossa ajuda.

Caso algo ainda impeça você de começar a investir, saiba que a solução tem início na busca por conhecimento! Continue a estudar sobre os melhores tipos de aplicação para você e a aperfeiçoar suas estratégias de negociação, até que isso se torne parte da sua rotina. Quando a vontade de desistir surgir, pense nas pessoas que serão impactadas pelo seu trabalho daqui a vinte ou trinta anos. Essa é a base do sucesso!

Quero encorajá-lo com um princípio básico da fé: primeiro, colocamos os pés sobre as águas; em seguida, Deus nos faz andar sobre elas.

8
Rumo à prosperidade financeira

Embora a palavra "prosperidade" seja bastante comum em nosso vocabulário, seu significado pode variar conforme a perspectiva de cada pessoa. Algumas culturas veem a prosperidade principalmente como sucesso material, enquanto outras a associam à harmonia familiar, ao respeito pelas tradições, à generosidade e à tranquilidade. Enfim, seja como for, podemos dizer que há um consenso de que o termo remete a algo positivo.

No que diz respeito à prosperidade financeira, não acredito que ser próspero signifique apenas ter abundância material. Para mim, tem a ver com um estado de equilíbrio e controle sobre o dinheiro, em que você não é controlado pelas circunstâncias, mas, sim, enxerga sua riqueza como um instrumento e é grato pelo que já possui. Uma pessoa próspera financeiramente administra de maneira sábia o seu capital, ainda que seja modesto, evita dívidas, estabelece uma reserva para emergências e, ocasionalmente, permite-se algumas extravagâncias.

Ou seja, prosperidade envolve a capacidade de não trabalhar exclusivamente para ter dinheiro, mas usá-lo como um instrumento eficaz, por meio da combinação entre conhecimento, planejamento e ação ao longo do tempo. Por isso é importante investir em educação financeira, como já foi dito, para que você saiba aplicar seus recursos assertivamente, estabelecer metas, reinvestir lucros, considerar a criação de fontes adicionais de renda e manter-se informado sobre o mercado.

OS PILARES DA PROSPERIDADE

Para alcançar a prosperidade financeira, é preciso unir dedicação, esforços extras, estratégias inteligentes, escolhas sensatas e paixão.

Particularmente, não acredito que quem busca sucesso financeiro possa atingir esse objetivo trabalhando apenas poucas horas por dia. Para a maioria das pessoas, essa é uma jornada que exige muito esforço, e o segredo está na incorporação de hábitos saudáveis e na constância. A prática de cortar gastos supérfluos, poupar dinheiro e saber a hora certa de gastar deve se tornar permanente em seu estilo de vida, mesmo nos dias em que você sentir vontade de "chutar o balde" e gastar todas as suas reservas. É claro que manter o equilíbrio entre lucros e

Capítulo 8: Rumo à prosperidade financeira

despesas nem sempre é uma tarefa simples, mas, pense que, assim como aprender um novo idioma ou tocar um instrumento musical, essa é uma habilidade que pode ser adquirida e aprimorada ao longo do tempo. Basta praticar!

Em certos momentos da jornada, a correria é inevitável, afinal o sucesso e a prosperidade exigem esforço consistente. Contudo, a verdadeira prosperidade não está em trabalhar incessantemente, ela está em encontrar equilíbrio entre a busca pelos objetivos financeiros e a capacidade de desfrutar da vida. Como um entusiasta da ideia de colocar o meu dinheiro para trabalhar a meu favor, desfruto de um tipo valioso de liberdade: a liberdade de tempo. À medida que você investir energia em prosperar, logo alcançará o estágio em que terá mais "folgas" e, consequentemente, poderá gastar menos tempo com o trabalho e cuidar de si mesmo e das pessoas que ama de maneira intencional.

Além disso, trabalhar com o que se ama é outro pilar fundamental dessa jornada. Estar conectado à sua atividade profissional e ter uma noção de propósito nas suas escolhas diárias não só tornam o caminho mais gratificante, mas também aumentam a probabilidade de sucesso em longo prazo. Afinal, a prosperidade financeira não deve ser um fardo, e sim um veículo que nos leva a um estilo de vida que reflete nossos valores.

Em alguns momentos, para avançar e crescer, você precisará fazer escolhas que podem não ser as mais agradáveis e tomar algumas atitudes emergenciais. Porém, o importante é não se contentar com o estado de insatisfação e desenvolver estratégias sólidas para absorver os aprendizados que esse momento passageiro tem a oferecer. O que devemos evitar a todo custo é permanecer na zona de conforto, pois prosperidade e comodidade são incompatíveis!

É bastante comum que os jovens, quando precisam decidir sobre qual carreira escolher, sintam-se pressionados. Diante disso, muitos escolhem ingressar nos cursos universitários mais populares do momento ou se submetem a qualquer que seja a suposta atividade mais lucrativa no mercado de trabalho, sem sequer fazer uma autoavaliação. Acontece que ceder a essas sugestões pode resultar em uma trajetória profissional insatisfatória e frustrante, na qual o trabalho diário se torna um fardo, porque não está alinhado às suas verdadeiras paixões e propósitos.

Contudo, nem sempre uma escolha aparentemente desagradável é, de fato, ruim. Imagine um jovem indisciplinado que chegou à idade de ser convocado para o serviço militar. No início, a experiência no Exército com certeza será desafiadora e poderá parecer um verdadeiro pesadelo para ele, porém, ao final desse período, esse jovem terá se desenvolvido e amadurecido, estando preparado para enfrentar demandas da vida com as quais não conseguia lidar antes.

O que quero dizer é que o cerne da questão está em não se esquivar de desafios e não permitir que as comparações ou a ausência de posicionamento próprio ditem as suas ações. Na busca pela prosperidade financeira, é essencial conduzir os seus próprios pensamentos com autonomia, resistindo à pressão de adotar o caminho alheio por parecer mais fácil. As nossas ações, na verdade, nascem na mente, como consequências dos pensamentos que escolhemos alimentar! Por isso, alinhe com sabedoria a sua mentalidade, seus valores morais e seus objetivos ao adentrar o mundo dos investimentos.

OS BENEFÍCIOS DE SER PRÓSPERO

A equação é curta: prosperidade = melhor qualidade de vida — a começar por noites de sono mais tranquilas. O simples fato de ter as contas em dia proporciona tranquilidade o suficiente para encostar a cabeça no travesseiro e dormir sem preocupações relacionadas ao dinheiro.

Ter um saldo positivo na conta também abre portas para a construção de um futuro mais seguro, assim como a capacidade de economizar dinheiro cria uma rede de segurança e nos torna pessoas mais resilientes diante de períodos de crise. Além disso, com um patrimônio financeiro consolidado, surgem ainda mais oportunidades de realizar sonhos, seja a aquisição da casa própria ou uma aventura pelo mundo, tudo se torna mais viável e alcançável.

Abaixo, listei outros benefícios da prosperidade financeira.

- **Bem-estar geral:** como já foi dito, além do sucesso financeiro, prosperidade também abrange outras coisas, como mais tranquilidade em áreas como saúde, lazer e relacionamentos interpessoais, o que afeta diretamente a nossa qualidade de vida e gera um bem-estar geral.

- **Desenvolvimento pessoal:** o caminho para a prosperidade também desenvolve novos hábitos e valores, forja o caráter nos tempos de dificuldade e amplia a visão de mundo.

- **Contribuição para a comunidade:** com certeza, para mim, ser próspero financeiramente inclui contribuir para o bem da sociedade e da comunidade. Indivíduos prósperos não apenas buscam o próprio sucesso, mas também se esforçam para melhorar o bem-estar daqueles ao seu redor.

PROJETE O SEU FUTURO

Eu não sei se com você também é assim, entretanto fazer planos para o futuro e traçar metas me empolga! Ao visualizar como quer estar financeiramente daqui a alguns anos, você pode criar um roteiro que o guiará na jornada rumo à prosperidade. E repito: isso não apenas envolve aspectos financeiros, mas valores, paixões e a qualidade de vida que você deseja. Por isso, esse caminho exige sabedoria, planejamento e força de vontade,

Capítulo 8: Rumo à prosperidade financeira

afinal, como você já leu neste livro, administrar o seu dinheiro envolve renúncias.

Cultivar uma mentalidade de gratidão, reconhecer e valorizar as conquistas pessoais, independentemente de sua magnitude, cria uma base sólida para o crescimento sustentável. Muitas vezes, o maior obstáculo está na tendência humana de comparar sua trajetória com a dos outros. A comparação é um perigo que ameaça minar a verdadeira essência da prosperidade. Cada indivíduo trilha um caminho único, com desafios e recompensas próprias. Tirar os olhos das conquistas alheias e focar na jornada pessoal é essencial para manter a clareza e o equilíbrio necessários para alcançar a verdadeira prosperidade.

Em suma, ao projetar o futuro, tenha clareza, compromisso e determinação! Estabeleça metas específicas, crie um plano de ação realista e esteja preparado para ajustá-lo conforme necessário, pois a prosperidade financeira não é um destino fixo, é uma jornada em constante evolução. A seguir estão alguns passos práticos para auxiliá-lo nessa caminhada. Ao final deste capítulo, forneceremos um espaço para que você possa registrar tudo o que precisa fazer para colocá-los em ação.

1. Liquide suas dívidas

Para prosperar, é fundamental quitar dívidas pendentes. Indivíduos endividados enfrentam desafios extras, pois grande parte de seus rendimentos já está comprometida. Portanto, organize-se para quitar seus débitos, e, caso o montante pareça excessivo, considere renegociar os termos com os credores para ajustar o valor das parcelas.

2. Estabeleça prioridades

Você precisa identificar e estabelecer o que deseja: é adquirir uma casa, trocar de carro ou investir em educação? Lembre-se de que cada sonho tem um custo, e que, ao conhecer esses valores, você pode traçar estratégias para realizar o que almeja.

3. Transforme sonhos em metas

Com os objetivos definidos, o próximo passo é transformá-los em metas. Por exemplo, se o sonho é economizar dez mil para uma viagem em dois anos, comprometa-se a dedicar certa quantia por mês para isso.

4. Elabore um planejamento financeiro

Você já aprendeu que um planejamento financeiro é uma ferramenta essencial para tornar as metas mais realistas, certo? Então, na hora de planejar o seu futuro, não deixe de registrar seus ganhos e despesas mensais, isso lhe irá proporcionar uma visão clara do capital, inclusive do que está disponível para investir.

5. Invista de forma consciente

E, claro, é fundamental realizar investimentos de forma sensata e consciente. Ao longo deste livro, forneci orientações para que você possa investir de maneira segura

Capítulo 8: Rumo à prosperidade financeira

e assertiva. Recomendo que releia os capítulos, faça pesquisas mais detalhadas e avalie cuidadosamente qual opção se alinha melhor às suas necessidades e objetivos financeiros.

Basicamente, é isso

Em suma, rumo à prosperidade financeira, simplifique, comprometa-se e projete seu futuro com propósito. Lembre-se: a verdadeira prosperidade não está apenas no que você acumula, mas na vida significativa que constrói. Que a sua busca pela prosperidade seja guiada pela generosidade, resiliência e sabedoria de reconhecer a riqueza que vai além dos números em uma conta bancária.

1. Liquidando as dívidas

Dívida	Valor	Renegociação	Parcelas
	R$	✓ / X	x R$
	R$	✓ / X	x R$
	R$	✓ / X	x R$
	R$	✓ / X	x R$

2. Estabelecendo prioridades

1. _____

2. _____

3. _____

4. _____

5. _____

3. Transformando sonhos em metas

Sonho 1:

Meta financeira:

Sonho 2:

Meta financeira:

Sonho 3:

Meta financeira:

Sonho 4:

Meta financeira:

Sonho 5:

Meta financeira:

4. Planejamento

Depois de concluir todo o seu planejamento financeiro, complete a tabela com o quanto você pretende investir mensalmente.

Mês	Valor a ser investido
Janeiro	
Fevereiro	
Março	
Abril	
Maio	
Junho	
Julho	
Agosto	
Setembro	
Outubro	
Novembro	
Dezembro	

5. Investimentos a serem estudados

Depois de analisar as explicações dos investimentos citados previamente, anote aqueles com os quais você se identificou para pesquisar mais informações e propostas em bancos e corretoras de investimentos.

Renda fixa

Renda variável

Esse caminho exige sabedoria, planejamento e força de vontade, afinal, como você já leu neste livro, administrar o seu dinheiro envolve renúncias.

Conc

lusão

Agora, no fim da nossa jornada, espero que você tenha sido cativado pelo brilhante mundo dos investimentos. Ao longo deste livro, mostrei como teorias que parecem complicadas demais podem se tornar dicas acessíveis a serem seguidas por qualquer pessoa, de qualquer idade. Não importa se você é jovem ou idoso, se tem filhos ou não, se é um executivo de sucesso ou alguém no início da carreira, investir é uma porta aberta para todos os que desejam se desenvolver e se esforçam até o fim para alcançar os resultados esperados.

Com o conhecimento adquirido durante a leitura, você tem a oportunidade de se tornar parte dos 3% da população brasileira que investem e reconhecem o valor do tempo — recurso finito que deve ser administrado com o máximo de zelo possível. Não seja um amador que entra nesse meio só por influência dos amigos e mal sabe o que está fazendo, e sim um investidor com expertise para enriquecer com inteligência e técnica. Constância e foco são os fatores que podem diferenciá-lo daqueles que desistiram no meio do caminho por não terem a paciência de esperar por bons resultados, por perderem a motivação ou por não conhecerem o mercado. No fim de tudo, cabe a você escolher de qual grupo fará parte: o dos devedores ou o dos ganhadores.

OS DEVEDORES

O primeiro grupo é formado pelos adeptos do *Carpe diem*, isto é, os que utilizam o presente para a diversão desenfreada e sem compromissos, enquanto pensam: "Vou viver a vida, gastar tudo o que puder, e amanhã vejo como pagar". Esse tipo de pessoa nunca para de correr atrás de uma prosperidade impossível, porque a sua noção de sucesso está baseada no curto prazo, e não se esforça para se aposentar mais cedo ou oferecer conforto para a sua família, já que, na sua cabeça, o prazer imediato é a moeda de maior valor. Alguém com essa mentalidade dificilmente consegue absorver os conceitos necessários para fazer uma boa aplicação, pois isso feriria os seus hábitos economicamente destrutivos.

Também conhecida como inflação do lifestyle, a ganância desgovernada faz com que tentemos desfrutar de um estilo de vida mais caro do que a nossa renda é capaz de manter. Você mesmo deve conhecer alguém que nasceu em uma condição de pobreza e reclamava do salário insuficiente para pagar as contas, até conseguir o emprego dos sonhos e passar a receber dez vezes mais. O problema é que, embora sua renda tenha se multiplicado, as dívidas não foram quitadas, em vez disso, cresceram ainda mais. Essa pessoa afirma que não entende como isso é possível, já que, pelos seus ganhos, deveria ter alcançado a sua liberdade financeira há muito tempo. Realmente, algo nessa história não está certo!

Pode parecer estranho, mas nós nunca podemos ter um estilo de vida que nos custe toda a nossa renda, muito menos um que custe ainda mais do que isso! É por essa razão que encontramos tantos empresários e celebridades afundados em dívidas, sem um tostão na conta. Geralmente, trata-se de pessoas que vivem em círculos de convívio de alta classe e respiram ostentação competitiva, cujo objetivo é ter a melhor casa, o carro mais novo e o maior barco, sem considerar que esses são bens passivos, que geram ainda mais dívidas em longo prazo. Às vezes, quando enfim conseguem reconhecer o seu erro, já é tarde demais para recuperar o que foi perdido, afinal a nossa energia física tem prazo de validade, e, conforme envelhecemos, torna-se mais penoso realizar uma tarefa que faríamos com facilidade na juventude.

Além disso, os devedores também são identificados pelo prejuízo que causam às pessoas à sua volta, porque, como eles nunca têm uma reserva de emergência, quando surge um imprevisto, a única saída que encontram é pedir empréstimos ao banco. Algum tempo depois, já com o CPF negativado por não conseguir pagar, precisam pedir dinheiro emprestado aos familiares e amigos, sem nunca cumprir com a obrigação do pagamento.

OS GANHADORES

Esse é o grupo de quem sabe onde o seu dinheiro deve estar: na posição de servo, isto é, trabalhando para o enriquecimento do seu dono. Enquanto os devedores investem o seu tempo em entretenimento, os ganhadores adquirem novos conhecimentos e se atualizam sobre o que já sabem, sem medir esforços para a aperfeiçoar as suas habilidades. Por saberem o real valor do dinheiro, nunca se deixam ser controlados por ele, mas usam-no para desfrutar de uma vida agradável e, sobretudo, de paz. Pessoas com essas características são reconhecidas por estarem acima da média e alcançarem rentabilidades impressionantes, uma vez que respeitam o fator tempo.

Em vez de ficarem paradas, esperando o melhor momento para investir, começaram cedo, cientes de que um pequeno investimento feito em longo prazo, com aportes mensais quase irrelevantes diante do montante final, vale mais do que um grande investimento em curto prazo.

COMO SER UM GANHADOR

Os melhores investidores não são os que fizeram mais faculdades ou adquiriram as especializações mais difíceis do mercado financeiro. Para ter bons resultados, basta caminhar na direção certa, e, para isso, é fundamental escolher bem a fonte das informações adquiridas. Com o curso certo e um mentor experiente, a curva de aprendizado é otimizada, acelerando o tempo necessário para começar a colher os frutos do seu esforço. Por exemplo, ao se matricular em uma autoescola, contratamos os serviços de um professor responsável por ensinar tudo o que precisamos saber para dirigir com segurança e tirar nossa carteira de habilitação. Primeiro, aprendemos a parte teórica; depois, a parte prática — esse é o caminho obrigatório para qualquer um se tornar um piloto. Pode até não se tornar um piloto de Fórmula 1, mas já é um começo. Muitos tentam se aventurar nas rodovias sem passar por essas etapas, o que pode causar acidentes sérios e colocar várias vidas em risco.

O simples fato de ter este livro em mãos já significa que, além de acelerar o seu aprendizado, você está economizando tempo, dinheiro e energia que seriam necessários para obter o conhecimento por meio de tentativas e erros. Não é preciso ser nenhum gênio da matemática para se tornar um investidor, hoje temos diversos tipos de calculadoras financeiras criadas para facilitar o nosso trabalho, além das ferramentas de análise de dados que nos auxiliam nas negociações mais difíceis. Além de uma boa noção dos resultados que iremos obter depois de cada aplicação, a depender do tipo de investimento, a combinação entre conhecimento e informação nos dá mais segurança. Lembre-se de que o maior risco vem de você não saber o que está fazendo!

Em outras palavras, a única coisa capaz de separar você da sua independência financeira é a sua própria mentalidade! Com a mente treinada, nenhum obstáculo poderá impedi-lo de mudar o seu futuro e realizar aquele sonho que parecia impossível. Jamais pense que será uma jornada fácil, porém o seu sucesso é só uma questão de tempo se as estratégias certas forem aplicadas. Além disso, existem três pilares essenciais para que você mantenha o seu foco no rumo certo.

1. Acredite em você

Busque na sua memória mentiras que já disseram a seu respeito, vozes que afirmam em seu subconsciente que você nunca terá um futuro próspero, que será pobre até morrer ou que não tem talento para fazer dinheiro. Talvez essas declarações tenham sido ditas pelos seus próprios pais, os quais apenas reproduziram frases que também ouviram na infância. Entenda que nada disso define quem você é, o seu sucesso depende exclusivamente do quanto está disposto a batalhar para conquistar os seus objetivos. Você é capaz! Você pode alcançar a sua liberdade financeira! Acredite nisso e levante-se do sofá para se tornar o protagonista da sua história.

2. Tenha compromisso

De nada adianta ler este livro inteiro e não colocar nada em prática, seria apenas perda de tempo e dinheiro!

É imprescindível que o seu aprendizado não termine aqui, mas seja constante, até o fim da sua vida. Leia outros livros sobre finanças, economia e investimentos, acompanhe as notícias de portais jornalísticos especializados nesse assunto e siga pessoas confiáveis, que provem aquilo que dizem pelos seus frutos.

3. Guarde os princípios

Não vale tudo por dinheiro! Anote isso na porta do seu armário ou no monitor do computador, se for preciso. A cobiça já destruiu inúmeros lares e levou muitos ao fundo do poço, e a febre dos jogos de azar, dos cassinos e das pirâmides financeiras é alimentada às custas daqueles que querem ganhos fáceis e instantâneos. Existem também os falsos mestres dos investimentos, que vendem cursos baseados em uma promessa de lucro impossível e atraem pessoas ingênuas e vulneráveis.

Felizmente, nem tudo está perdido. Muitos influenciadores digitais estão dispostos a transmitirem informações de qualidade e a renunciarem propostas milionárias de propagandas e venda de fórmulas enganosas por acreditarem que a única forma de construir uma carreira de sucesso é com responsabilidade social. De fato, investimentos não são sobre dinheiro, e sim sobre compartilhar propósitos, pois a melhor maneira de escolher um ativo é avaliando o impacto que o valor aplicado pode causar na sociedade. Se o efeito for negativo, fuja! Até porque, cedo ou tarde, instituições que desprezam a ética do mercado são desvendadas e acabam na falência, junto a todos aqueles que investiram nela.

Basicamente, é isso!

O dinheiro é um dos melhores instrumentos de demonstração de amor que existe! Ao comprar este livro, mais do que ter gastado uma parcela da sua renda, você demonstrou amor pela sua família, por acreditar que nestas páginas está o conhecimento necessário para que você proporcione a ela uma vida segura e tranquila.

Por isso, com alegria, quero encorajá-lo a não parar agora. Chegar até aqui é uma prova plena de que a sua liberdade financeira está mais próxima do que imagina. Obrigado por me permitir fazer parte da sua história, você é uma peça fundamental do que estamos construindo juntos neste país!

Investir é uma porta aberta para todos os que desejam se desenvolver e se esforçam até o fim para alcançar os resultados esperados.

REFERÊNCIAS BIBLIOGRÁFICAS

CAPÍTULO 1

Procon-SP constata pequena variação na taxa de juros para empréstimo pessoal. Publicado por *ProconSP* em 19/10/203. Disponível em*: https://www.procon.sp.gov. br/procon-sp-constata-pequena-variacao-na-taxa-de-juros-para-emprestimo-pessoal/#:~:text=S%C3%A3o%20 Paulo%2C%20outubro%20de%202023,p.p.%2C%20 em%20rela%C3%A7%C3%A3o%20a%20setembro*. Acesso em dezembro de 2023.

CAPÍTULO 2

BRITANNICA. Britannica, 2023. Warren Buffett: empresário e filantropo americano. Disponível em: *https:// www.britannica.com/biography/Warren-Edward-Buffett*. Acesso em dezembro de 2023.

Com pandemia, 20 estados têm taxa média de desemprego recorde em 2020. Publicado por *Agência IBGE Notícias* em 10/03/2021. Disponível em: *https://agenciadenoticias.ibge.gov.br/agencia-noticias/2012-agencia-de-noticias/noticias/30235-com-pandemia-20-estados-tem-taxa-media-de-desemprego-recorde-em-2020#:~:text=Com%20 pandemia%2C%2020%20estados%20t%C3%AAm%20 taxa%20m%C3%A9dia%20de%20desemprego%20 recorde%20em%202020,-Editoria%3A%20Estat%-C3%ADsticas%20Sociais&text=A%20taxa%20m%-C3%A9dia%20de%20desocupa%C3%A7%C3%A3o,-PNAD%20Cont%C3%ADnua%2C%20iniciada%20 em%202012.* Acesso em dezembro de 2023.

Pesquisa em taxas de juros – Pessoa física. Empréstimo pessoal e cheque especial – Novembro/2023. Publicado por *ProconSP* em 09/11/2. Disponível em: *https://www.procon.sp.gov.br/wp-content/uploads/2023/11/RTTXJU-ROS11.23-P2.pdf.* Aceso em dezembro de 2023.

Número de investidores na B3 cresce 34% em renda fixa e 23% em renda variável em 12 meses. Publicado por *B3* em 05/06/2023. Disponível em: *https://www.b3.com.br/pt_br/noticias/numero-de-investidores-na-b-3-cresce-34-em-renda-fixa-e-23-em-renda-variavel-em--12-meses.htm.* Acesso em dezembro de 2023.

Panorama do censo 2022. Publicado por *IBGE* em 28/05/2023. Disponível em: *https://censo2022.ibge.gov.br/panorama/?utm_source=ibge&utm_medium=home&utm_campaign=portal*. Acesso em dezembro de 2023.

CAPÍTULO 3

COLOMBRO, Sylvia. **Argentina fecha acordo com credores da dívida externa.** Publicado por *Folha de São Paulo* em 04/08/2020. Disponível em: *https://www1.folha.uol.com.br/mercado/2020/08/argentina-fecha-acordo-com-credores-da-divida-externa.shtml*. Acesso em dezembro de 2023.

CAPÍTULO 4

Qual bolsa de valores teve a maior queda durante a pandemia? Publicado por *InvestNews* em 02/10/21. Disponível em: *https://investnews.com.br/cafeina/qual-bolsa-de-valores-teve-a-maior-queda-durante-a-pandemia/*. Acesso em dezembro de 2023.

KIBURZ, Samuel. **Stocks for the long run.** Publicado por *Crews* em 14/11/2022. Disponível em: *https://www.crews.bank/blog/stocks-for-the-long-run*. Acesso em janeiro de 2024.

SIEGEL, Jeremy J. **Investindo em ações a longo prazo**. 5ª ed. Porto Alegre: Bookman, 2015.

Idem. Stocks for the long run. 5ª ed. New York: McGraw Hill, 2014. 31p.

Tratamento do "impairment" de ativos não financeiros reconhecidos durante a pandemia. Publicado por *Baker Tilly* em 29/09/2021. Disponível em: *https://bakertillybr. com.br/impairments-reconhecidos-durante-a-pandemia/*. Aceso em dezembro de 2023.

CAPÍTULO 5
McDonald's de café, 5 refrigerantes por dia e sorvete: a dieta do bilionário Warren Buffett. Publicado por *Exame* em 29/04/2023. Disponível em: *https://exame.com/pop/mcdonalds-de-cafe-5-refrigerantes-por-dia-e-sorvete-a-dieta-do-bilionario-warren-buffett/*. Acesso em dezembro de 2023.

CAPÍTULO 6
CLASON, George S. **O homem mais rico da Babilônia.** 18. ed. Rio de Janeiro: Ediouro, 1997.

CAPÍTULO 7

DIAS, Natasha. **Brasil tem abertura de mais de 7 mil startups nos últimos 10 anos.** Publicado por *Cortex* em 20/06/2023. Disponível em: *https://www.cortex-intelligence.com/intelligence-review/brasil-tem-abertura-de-mais-de-7-mil-startups-nos-%C3%BAltimos-10-anos*. Acesso em janeiro de 2024.

MENDES, Diego. **Número de investidores na bolsa cresce 15% em 2022 apostando na diversificação.** Publicado por *CNN Brasil* em 01/09/2022 e atualizado em 13/02/2023. Disponível em: *https://www.cnnbrasil.com.br/economia/numero-de-investidores-na-bolsa-cresce-15-em-2022-apostando-na-diversificacao/*. Acesso em janeiro de 2024.

SANTANA, Wesley. **Brasil tem 12,7 mil startups; entenda quando empresas perdem esse status.** Publicado por *InfoMoney* em 27/06/2023. Disponível em: *https://www.infomoney.com.br/negocios/brasil-tem-127-mil-startups-entenda-quando-empresas-perdem-esse-status/*. Acesso em janeiro de 2024.

Este livro foi produzido em Adobe Garamond Pro 12 e impresso
pela Gráfica Promove sobre papel Pólen Natural 75g
para a Editora Quatro Ventos em março de 2024.